MongoDB 数据建模
和模式设计

[美] 丹尼尔·库帕 (Daniel Coupal)
[美] 帕斯卡·德斯马雷斯 (Pascal Desmarets)　著
[美] 史蒂夫·霍伯曼 (Steve Hoberman)

马　欢　唐　迅　萧少聪　许建辉　译

机 械 工 业 出 版 社

本书包括导论以及对齐(Align)、细化(Refine)、设计(Design)三章。通过将业务术语、逻辑和物理三个建模层次重命名为对齐、细化、设计，在名称中包含了该层次所做的工作。

导论介绍了数据模型的三个特征——精确性、最小化和可视化；数据模型的三个组件——实体、关系和属性；数据模型的三个层次——业务术语(对齐)、逻辑(细化)和物理(设计)，以及数据建模的三个视角——关系、维度和查询。第1章对齐是关于通用业务术语的，以便每个人都能在术语和总体计划范围上保持一致。第2章细化是关于搜集业务需求的，即完善我们对项目的了解，专注于关键业务要点。第3章设计是关于技术需求的，即针对独特软硬件需求进行模型设计。

对齐、细化和设计，这就是本书遵循的方法，并通过"宠物之家"案例对概念加以强化。本书适合需要将建模技能扩展到MongoDB的数据专业人员，或者熟悉MongoDB但需要提高模式设计技能的技术人员。

图书在版编目(CIP)数据

MongoDB数据建模和模式设计/(美)丹尼尔·库帕(Daniel Coupal)，(美)帕斯卡·德斯马雷斯(Pascal Desmarets)，(美)史蒂夫·霍伯曼(Steve Hoberman)著；马欢等译．—北京：机械工业出版社，2024.6

书名原文：MongoDB Data Modeling and Schema Design

ISBN 978-7-111-75864-8

Ⅰ．①M… Ⅱ．①丹… ②帕… ③史… ④马… Ⅲ．①关系数据库系统 Ⅳ．①TP311.132.3

中国国家版本馆CIP数据核字(2024)第100003号

机械工业出版社(北京市百万庄大街22号　邮政编码100037)
策划编辑：张淑谦　　　　　　　　　　责任编辑：张淑谦　王海霞
责任校对：杨　霞　李可意　景　飞　　封面设计：王　旭
责任印制：郜　敏
三河市宏达印刷有限公司印刷
2024年7月第1版第1次印刷
145mm×210mm·8.25印张·183千字
标准书号：ISBN 978-7-111-75864-8
定价：89.00元

电话服务　　　　　　　　　网络服务
客服电话：010-88361066　　机　工　官　网：www.cmpbook.com
　　　　　010-88379833　　机　工　官　博：weibo.com/cmp1952
　　　　　010-68326294　　金　书　网：www.golden-book.com
封底无防伪标均为盗版　　　机工教育服务网：www.cmpedu.com

P REFACE

译 者 序

在数字化的时代，文档型数据库、图数据库等 NoSQL 数据库技术日益流行，它为处理大规模、结构化或非结构化数据提供了灵活、高效的解决方案。大型互联网系统的高并发、高可用架构都依赖于各种 NoSQL 数据库产品，很多读者都认为 NoSQL 就是通过反范式化（Denormalization）、无模式化（Schemaless）设计来获得数据模型及数据结构的灵活性。

然而，NoSQL 数据模型的灵活性，不代表其可以无条件、无约束地任意发展。中国有句古话"无规矩不成方圆"。我们必须理解 NoSQL 的灵活性可以为软件开发者带来更高效的数据模型迭代效率，以适应数字化及未来 AI 系统的变化需求，但与此同时，我们也注意到，很多对 NoSQL 和无模式不求甚解的设计，也导致了大量的复杂设计、无效设计，以及引入新的故障点等诸多问题。

灵活性和规范性就像"硬币"的两面。这套"数据建模和模式设计"图书，结合传统关系型数据建模理论，以其深入浅出的解析和丰富的实践案例，介绍 NoSQL 建模的理论和实践，将为正在使用或计划使用 NoSQL 数据库的读者，提供灵活性和规范性平衡的建议及注意事项。本书是 NoSQL 用户必不可少的工具书，也是这一领域内不可多得的宝贵资料。

本书的其他几位译者唐迅、萧少聪、许建辉都是数据领域的资深专家，他们是中国文档数据库技术的研发者和推动者。此外还有胡刚（CDMP Master）、黄诗华（CDMP Master）、薛晓刚（Oracle ACE-Pro）等几位帮助参与了校对工作，非常感谢各位专家的协作，将这一经典之作翻译成中文，使其能够更好地服务于中国广大的技术社区。

在此，还要特别感谢出版的各位老师。正是你们的辛勤工作和专业贡献，使得这一经典之作能够以全新的面貌，呈现在更多的读者面前。

让我们共同期待，《MongoDB 数据建模和模式设计》中文版的推出，能够成为文档型数据库领域里程碑式的事件，为所有致力于数据库技术研究、开发和应用的朋友们提供指导和启发，共同开启数据技术的新篇章。

马　欢

C ONTENTS

目 录

关于本书

　　我的小女儿可以做出非常美味的布朗尼蛋糕。她的制作从在商店里购买的预制面糊开始，然后逐步添加巧克力片、苹果醋等"秘方"配料，从而做出独特而美味的蛋糕。

构建并设计一个满足用户需求的健壮数据库，同样需要采取类似的方法。现成的布朗尼预制面糊代表了一个经过验证的成功配方。这就像几十年来已经证明成功的数据建模实践。巧克力片和其他"秘方"配料则代表了构建出卓越产品的特殊添加剂。MongoDB 有许多特殊的设计考量，就像巧克力片一样。将经过验证的数据建模实践与 MongoDB 特有的设计实践相结合，可以创建出一系列作为强大沟通工具的数据模型，极大地提升构建出具备卓越设计的软件系统的概率。

事实上，"对齐>细化>设计系列丛书"（Align>Refine>Design Series）的每本都包含针对特定数据库产品的概念、逻辑和物理数据建模，将最佳的数据建模实践与特定解决方案的设计考量相结合。这是一种成功的组合。

实际上，我女儿最初的几个布朗尼做得并不成功，但作为自豪且饥饿的父亲，我还是把它们都吃了——味道还是很不错的。需要多加练习，布朗尼才呈现出令人惊叹的效果。我们在建模方面也需要练习。因此，该系列的每本书都通过同一个"宠物之家"案例进行研究，展示建模技术的应用，来加强学习效果。

如果你想学习如何构建多种数据库解决方案，可以阅读该系列的其他书籍。一旦你阅读了其中的一本书，可以更快地掌握其他数据库解决方案的技巧。

人们提到我的第一个标签是"数据"。我从事数据建模已有 30 多年，自 1992 年教授数据建模大师课程开始——目前已迭代到第 10 版！我写了 9 本关于数据建模的书，包括 *The Rosedata Stone* 和 *Data Modeling Made Simple*。我习惯于使用我的数据建模评分卡（Data Model Scorecard©）技术来评审数据模型。我也是

Design Challenges 小组的创始人，是数据建模研究院(Data Modeling Institute)数据建模认证考试的创始人，Data Modeling Zone 大会的会议主席，技术出版社(Technics Publications)的总监，哥伦比亚大学的讲师，并获得了数据管理协会(DAMA)国际专业成就奖。

考虑到和女儿的布朗尼类比，我已经完善了采用预制面糊的布朗尼食谱。也就是说，我知道如何建模。然而，我并不是精通每种数据库解决方案的专家。

本系列的每本书都是我那些经过验证的数据建模实践与具体数据库解决方案专家相结合的产物。在本书中，丹尼尔·库帕(Daniel Coupal)、帕斯卡·德斯马雷斯(Pascal Desmarets)和我一起做布朗尼。我负责从商店买布朗尼面糊，丹尼尔和帕斯卡负责添加巧克力片和其他美味的配料。丹尼尔和帕斯卡两人都是 MongoDB 领域的思想领袖。

丹尼尔是 MongoDB 的高级工程师。他为 MongoDB University 建立了数据建模课程。他还为 MongoDB 定义了一种开发方法，并创建了一系列模型设计模式，来优化 MongoDB 和其他 NoSQL 数据库的数据建模。

帕斯卡是 Hackolade(https://hackolade.com)公司的创始人兼 CEO，Hackolade 是一个用于 NoSQL 数据库、存储格式、REST API 和 RDBMS 中的 JSON 数据类型的数据建模工具。Hackolade 公司开创了多语言数据建模，即用于多语言数据持久性和数据交换的数据建模。通过 Hackolade 的元数据即代码(Metadata-as-Code)策略，数据模型与应用程序代码一起驻留在 Git 仓库中，随着应用程序的发展而发展，并发布到面向业务的数据目录中，以确保对数据的含义和上下文达成共识。本书中的大多数实体关系图都是使用 Hackolade Studio 软件创建的。

我们三位作者携手讲解如何给 MongoDB 解决方案建模。本书从传统建模方法逐步过渡到 NoSQL 建模方法，特别适合那些已经有关系数据库数据建模经验的读者，以更好地利用 NoSQL 的通用优势和 MongoDB 的特色优势。

 ## MongoDB 公司及其产品

MongoDB 是一种非常流行的面向文档的 NoSQL 开源数据库。MongoDB 使用类 JSON 文档与可选模式，允许以灵活且可扩展的方式存储和检索数据。MongoDB 旨在处理大量数据并提供高性能和可扩展性。该数据库支持各种各样的数据类型，包括文本、数字、十进制数据和二进制数据，并支持存储非结构化和半结构化数据。

除了 MongoDB 数据库之外，MongoDB 公司还提供以下产品和服务。

● MongoDB Atlas：MongoDB 完全托管的云版本，使开发人员可以轻松地在各种云提供商（如 AWS、Azure 和 GCP）上部署、操作和扩展 MongoDB。MongoDB Atlas 开发者数据平台包括数据湖、数据归档、触发器等诸多功能。

● MongoDB Charts：一个数据可视化工具，允许用户基于存储在 MongoDB 中的数据创建图表、仪表板和报表。

● MongoDB Compass：MongoDB 的图形用户界面，用户可以轻松地可视化、查询和管理 MongoDB 数据。

● MongoDB Realm：用于与 MongoDB 和其他服务集成，构建

无服务器和具备脱机运行能力的移动及 Web 应用程序的平台。

- MongoDB Connectors：用于 MongoDB 与其他系统和技术（如 BI 工具、ETL、数据集成和图处理）集成的连接器。

MongoDB 广泛应用在各行各业及各种规模的公司，并且有一个大型且活跃的开发者社区对其提供支持。MongoDB 公司提供各种可选服务来帮助客户使用 MongoDB。

 MongoDB 的文档模型

在 MongoDB 中，文档模型指的是数据在数据库中的组织和存储方式。数据以 BSON（二进制 JSON）规范格式化的文档形式存储（https：//bsonspec. org/）。每个文档都由键值对构成，类似于 JSON 对象。文档是数据的基本单位（类似于关系数据库中的行），并可以通过嵌套表示复杂的数据结构。

MongoDB 中的集合是文档组，类似于关系技术中的表。集合可以存储极大量的文档，并且可以在同一个集合中存储具有不同字段集的文档。开发人员采用 MongoDB 文档模型的原因之一，就是因为它灵活并且可以动态演化。当然，正如本书后文中讲到的，如果管理不当，这种灵活性也会很容易变得混乱。

基于文档数据库中的两个关键功能"层次结构"和"多态性"[1]，是关系数据库管理系统（RDBMS）的表结构所不具备的。

---

1 关系数据库越来越多地增加了对 JSON 的支持。但是功能与纯文档数据库不同，因为在 RDBMS 中，JSON 负载存储在 blob 类型字段或 （varchar（4000））中。这样设计的结果是它缺乏 MongoDB 的索引和查询功能。PostgreSQL 及其 JSONB 数据类型正试图弥合这一差距。

让我们回顾一下这两个关键功能。

MongoDB 文档的层次结构

基于文档的数据库可以采用嵌套或分层结构表示数据。这与 RDBMS 表形成鲜明的对比，后者是采用二维表格的列和行表示数据，并需要使用关系和连接来表示分层数据。在 JSON 文档中，通过创建一个树状结构，数据可以嵌套在其他数据中。

除了传统的"标量"数据类型(字符串、数值、布尔值、空值)之外，还可以使用一些"复杂"数据类型：对象和数组。在 JSON 中，对象是一组由花括号{ }括起来的键值对，如图 1 所示。

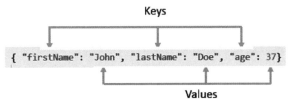

图 1　JSON 对象

注：Keys—键；Values—值。

键始终是字符串，值可以是任何有效的 JSON 数据类型，包括另一个对象、数组、字符串、数字、布尔值或空值等。

```
{
  "name": "John Smith",
  "age": 35,
  "address": {
    "street": "123 Main St",
```

```
  "city": "Anytown",
  "state": "CA",
  "zip": "12345"
  }
}
```

请注意，由于 MongoDB 采用了 BSON 规范，因此 MongoDB 中的数据类型更多，包括 ObjectID、ISODate、整数、浮点数、十进制数、正则表达式、UUID 等。

数组是括在方括号 [ ] 中的有序值列表。值可以是任何有效的 JSON 数据类型，包括另一个数组、对象、字符串、数字、布尔值或空值。数组中的每两个值之间用逗号分隔。

```
["apple", "banana", "orange", "grape"]
```

如图 2 所示，可以随意组合对象和数组。

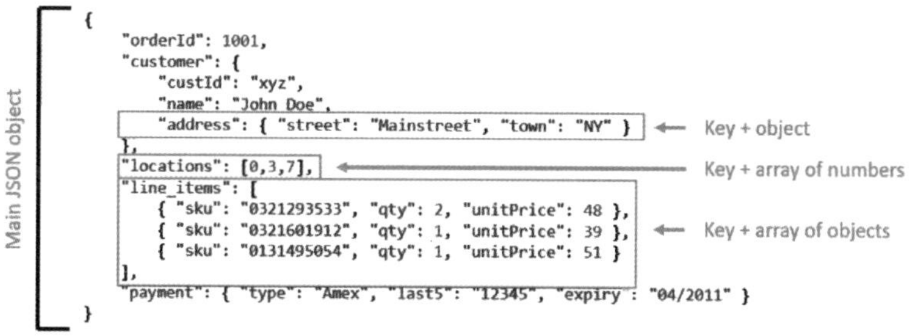

图 2　随意组合对象

注：Main JSON object—主要 JSON 对象；Key + object—键+对象；Key + array of numbers—键+数组；Key + array of objects—键+对象数组。

例如，可以使用对象数组将另一个表嵌入集合中。数组体现了两个表之间的一对多或多对多关系。

通常，在 JSON 键值对中，键是一个静态名称。也可以为键
指定变量名：

```
{
    "followers": {
        "abc123": {
            "name": "John Doe",
            "sports": ["tennis"]
        },
        "xyz987": {
            "name": "Joe Blow",
            "sports": ["cycling", "football"]
        }
    }
}
```

这种高级功能有时称为"模式属性"或"不可预测的键"，
属于下面详细介绍的"属性模式"的一种特例。Hackolade Studio
在反向工程过程的模式推理期间能检测并正确维护这些结构，但
传统的 SQL 和 BI 工具难以处理这些不常见的结构。

使用分层子对象和数组对 JSON 中的数据进行分组，有以下
几个好处。

● **改进数据组织**：使用子对象和数组嵌套相关数据，可以
更容易理解、导航、查询和操作数据。

● **增加灵活性**：更灵活的数据模型可以更容易地发展和适
应不断变化的需求。

● **提高性能**：在父文档中嵌入子文档，减少了检索数据所
需的连接，进而提高了性能。

● **优化数据表示**：例如，客户对象可以包含嵌套的地址对
象。通过这种方式，可以清楚地看到地址与客户相关，并且更可

读、更直观。

- **数据完整性**：例如，通过将相关的数据保存在一起，每个订单都可以包含购物车中的商品数组。这样，订单和商品的相关性就很清楚了，并且在需要时也很容易更新所有相关数据，并执行级联删除。

- **开发者友好**：通过聚合结构来匹配要在面向对象编程中操作的对象，开发人员可以避免所谓的"对象不匹配"问题，从而提高工作效率。"对象不匹配"问题在使用关系数据库时是一个常见问题。

为了直观地展示上述好处，以及用户为什么愿意使用 MongoDB 文档模型来替换传统关系数据库结构，让我们看以下订单的示例。

遵循规范化规则的关系数据库，在存储时将订单的不同组成部分拆分到不同的表中。检索数据时，使用连接来重新组装不同的片段以进行处理、显示或报告。这对普通人（即未受过第三范式培训的人）来说是反直觉的，而且性能方面的代价高昂，尤其是在大规模数据处理上。如图 3 所示。

然而，对于 JSON 文档，属于一组的所有信息都存储在单个文档中，图 4 所示为一个 JSON 文档示例。

嵌套可以带来上述好处，但如果组织和结构不当，嵌套有时也会使数据变得更加复杂和难以处理。且由于没有规范化的规则作为护栏，相比关系数据库，数据建模对 NoSQL 尤显重要。

采用子对象和数组嵌套的逆规范化数据模式来表示关系，也会增加存储需求，但考虑到如今存储的成本很低，这些缺点通常被认为是微不足道的。

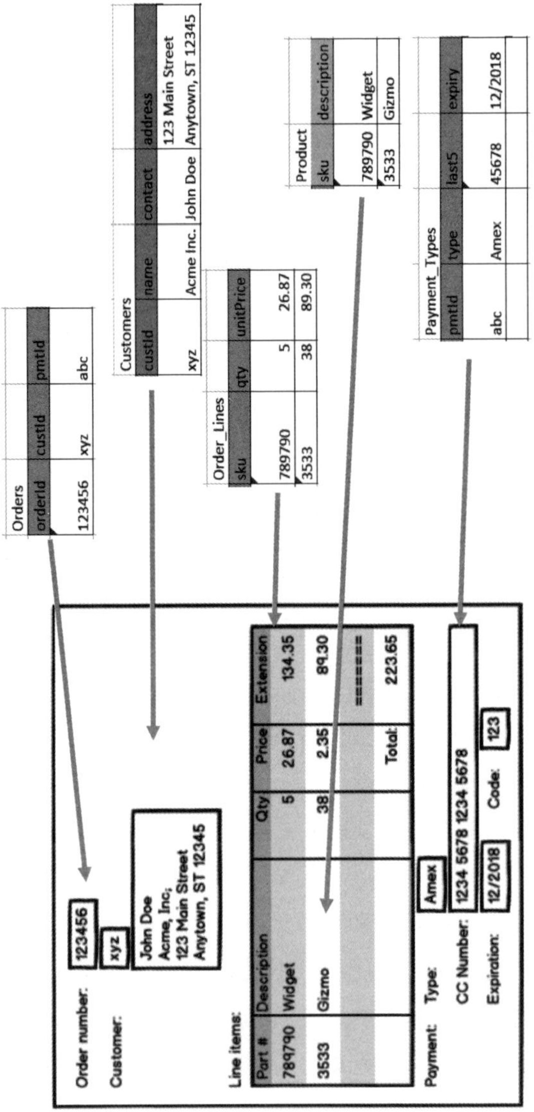

Orders

orderId	custId	pmtId
123456	xyz	abc

Customers

custId	name	contact	address
xyz	Acme Inc.	John Doe	123 Main Street Anytown, ST 12345

Order_Lines

sku	qty	unitPrice
789790	5	26.87
3533	38	89.30

Product

sku	description
789790	Widget
3533	Gizmo

Payment_Types

pmtId	type	last5	expiry
abc	Amex	45678	12/2018

Order number: 123456

Customer: xyz

John Doe
Acme, Inc.
123 Main Street
Anytown, ST 12345

Line items:

Part #	Description	Qty	Price	Extension
789790	Widget	5	26.87	134.35
3533	Gizmo	38	2.35	89.30
			Total:	223.65

Payment: Type: Amex

CC Number: 1234 5678 1234 5678 Code: 123

Expiration: 12/2018

图 3　规范化示例

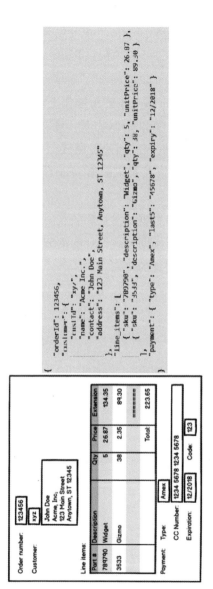

图 4　JSON 文档示例

就像 XSD 定义了可以出现在 XML 文档中的元素和结构一样，JSON 模式（https://json-schema.org/）定义了 JSON 文档的结构，可以轻松确保其格式正确。当与 MongoDB 验证器（https://www.mongodb.com/docs/manual/core/schema-validation/）一起使用时，可以在 MongoDB 的插入和更新操作上强制执行指定的模式，以实现更高的一致性和数据质量。Hackolade Studio 使用 JSON 模式作为内部表示机制，因此使用该工具可以动态地创建并生成 JSON 模式结构，以及 MongoDB 验证器脚本，而用户无须熟悉 JSON 模式语法。

开发人员应权衡嵌套数据的优点和缺点，来决定是否使用嵌套。在本书的后面，关于不同模式设计的章节提供了更多详细信息来帮助设计人员做出明智的决定。

多态性

JSON 的多态性是指 JSON 对象具有采用多种形式的能力。

具有多种数据类型的字段

JSON 的多态性的最简单情况是一个字段可以有不同的数据类型，例如：

```
{
  "raceResults":[
      {
      "Position": 1,
      "Driver": "Lewis Hamilton"
      },
      {
      "Position": 2,
```

```
    "Driver": "MaxVerstappen"
    },
    {
    "Position": "DNF",
    "Driver": "Charles Leclerc"
    }
  ]
}
```

上面的例子中，raceResult 中的"Position"字段可以有不同的数据类型(数值或字符串)。

同一集合中的多种文档类型

较复杂的一种多态性是，同一集合中的不同文档具有不同的结构，类似于关系数据库中的表继承。具体来说，是指 JSON 对象能够根据字段中存储数据的不同类型表示不同的属性。

例如，考虑用于银行账户的集合。有几种可能的银行账户类型：支票、储蓄和贷款。所有类型共享一个公共结构，每个类型还有一个特定结构。例如，支票账户的文档可能如下所示：

```
{
  "accountNumber": "123456789",
  "balance": 1000,
  "accountType": "checking",
  "accountDetails": {
    "minimumBalance": 100,
    "overdraftLimit": 500
  }
}
```

另一个储蓄账户的文档可能如下所示：

```
{
  "accountNumber": "987654321",
```

```
  "balance": 5000,
  "accountType": "savings",
  "accountDetails": {
    "interestRate": 0.05,
    "interestEarned": 115.26
  }
}
```

贷款账户的文档可能如下所示：

```
{
  "accountNumber": "567890123",
  "balance": -5916.06,
  "accountType": "loan",
  "accountDetails": {
    "loanAmount": 10000,
    "term": 36,
    "interestRate": 1.5,
    "monthlyPmt": 291.71
  }
}
```

这种灵活且动态的结构非常方便，避免了对多个独立表或宽表在规模快速变大时难以管理的情况。

但是，这种灵活性在查询或操作数据时也会带来挑战，因为它要求开发应用程序时要考虑数据类型和结构的变化。本书的现阶段暂不进入细节讨论，图 5 所示为文档单一模式的例子。

Account		
accountNumber	pk	string
dateOpened		date
balance		dbl
accountType		string
⊟ anyOf		ch
⊟ [0] checking		sub
minimumBalanace		dec
overdraftLimit		int
⊟ [1] savings		sub
interestRate		dec
interestEarned		dbl
⊟ [2] loan		sub
loanAmount		dbl
term		int
interestRate		dec
monthlyPmt		dbl

图 5　文档单一模式

对于熟悉传统数据建模的人来说，上述内容可以采用子类型表示，并可能产生表的继承关系，如图 6 所示。

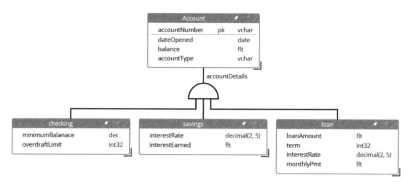

图 6　子类型化

模式演变和版本控制

多态性的另一种常见情况是，随着文档模式的逐渐演变，同一集合中的文档会处于不同阶段状态。这种情况可以通过隐式的方式实现，也可能以显式使用文档根字段的不同版本号来实现。

开发人员很喜欢 MongoDB 模式易于演变的特征。为适应新需求或更改需求而添加或删除字段、更改数据类型、修改索引选项的时候，无须担心类似关系数据库中对数据结构及其跨表关系更改所带来的麻烦。

本书后面会详细描述模式版本控制模式。现在，你只需要知道这个模式利用了文档模型的多态功能即可。

为避免技术负债，谨慎管理模式演变和版本控制是非常有必要的，同时要考虑不同的应用程序，以及 SQL 或 BI 工具可能无法处理这种多态性的数据。那些成功应用 NoSQL 的组织和项目上的最佳实践，应该成为我们模式迁移演变策略的一部分。

数据建模和模式设计

看得出来，MongoDB 的数据建模和模式设计与关系数据库有非常大的差异。这是因为 MongoDB 存储采用了类 JSON 的逆规范化的文档，其中包含嵌套对象和数组，而不是规范化的平面表。而且，MongoDB 不像传统的 RDBMS 那样由数据库引擎强制执行固定的模式。

虽然文档方法的灵活性让众多开发人员爱不释手，但是这种灵活性也带来了一些风险。由于 MongoDB 不强制约束，因此开发人员必须自己采取措施确保数据保持一致并符合应用程序要求。如果不这样做，可能会导致数据损坏、查询结果不准确和应用程序错误。数据建模通过采取积极的方法来确保数据一致性和高质量，可以缓解这些风险。它还有助于提高生产力和降低总体拥有成本（Total Cost of Ownership，TCO）。21 世纪诞生的现代数据建模方法和下一代工具，可以全力支持敏捷的开发流程。

数据建模是开发过程中的关键步骤，因为它允许开发人员与主题专家紧密合作，在编码开始之前定义好数据结构。就像指导烘焙布朗尼的食谱一样，数据模型承担了组织数据结构蓝图的角色。通过让主题专家参与建模过程，开发人员可以确保数据模型准确反映项目的需求。通过这样的协作，开发人员更有可能避免由于使用定义不良的数据而可能出现的潜在错误和不一致。正如在开始烘焙之前参考食谱，开发人员可以更高效、更成功地创建符合最终用户需求的产品。

读者对象

本书的受众读者有两类：

- 数据架构师和建模人员，他们需要提升包括 MongoDB 在内的建模技能。正如，我们这些知道利用现成配料制作布朗尼的人，正在寻找添加巧克力的秘籍。

- 了解 MongoDB 但需要提升建模技能的数据库管理员和开发人员。也就是说，那些知道如何添加巧克力，但需要学习如何将巧克力与现成的布朗尼面糊相结合的人。

本书包含导论，加后续的对齐、细化和设计 3 章。可以将导论这一章视作按商店成品面糊制作布朗尼的过程，而后续章节则为添加巧克力片和其他可口的配料的过程。这 4 章的简单介绍如下：

- **导论　关于数据模型**。导论涵盖了精确性、最小化和可视化三个数据模型特征；实体、关系和属性三个数据模型组件；业务术语（对齐）、逻辑（细化）和物理（设计）三个数据模型级别；关系、维度和查询三个数据建模视角。学习本导论后，读者将了解数据建模的概念以及如何处理各种数据建模任务。这部分内容对需要学习数据建模基础知识的数据库管理员和开发人员很有用，也对需要提升建模技能的数据架构师和数据建模人员很有用。

- **第 1 章 对齐**。本章介绍了数据建模的对齐阶段。具体解释了引入对齐概念的目的，引入了"宠物之家"案例研究，然后逐步完成对齐方法。本章内容对架构师/建模人员和数据库管理员/开发人员都很有用。

- **第 2 章 细化**。本章介绍了数据建模的细化阶段。具体解释了细化的目的，细化了"宠物之家"案例研究的模型，然后逐步完成了细化方法。本章内容对架构师/建模人员和数据库管理员/开发人员都很有用。

- **第 3 章 设计**。本章介绍了数据建模的设计阶段。具体解释了设计的目的，为"宠物之家"案例研究设计了模型，然后逐步完成了设计方法。本章内容对架构师/建模人员和数据库管理员/开发人员都很有用。

在每章最后都总结了三个贴士和三个要点。我们力求尽可能简洁全面，以最大限度地节省读者的时间。

本书中大多数数据模型都是使用 Hackolade Studio 创建的（https://hackolade.com），可以在 https://github.com/hackolade/books 中访问和参考，包括其他可以演示的示例数据模型。

让我们开始吧！

丹尼尔、帕斯卡和史蒂夫

导 论

关于数据模型

　　本章将讲述如何利用预制面糊来制作布朗尼蛋糕，通过这个例子来介绍数据建模的原则和概念。除了解释数据模型外，本导论还介绍了数据模型的三个特征——精确性、最小化和可视化；

数据模型的三个组件——实体、关系和属性;数据模型的三个层次——业务术语(对齐)、逻辑(细化)和物理(设计);数据建模的三个视角——关系、维度和查询。学习本章后,读者将了解如何处理各类数据建模任务。

数据模型

模型是对某个场景的精确表达。精确意味着对模型含义的理解只有一种——既不模糊也不取决于某人的解释。不同的人以完全相同的方式读取相同的模型,这使得模型成为极有价值的交流工具。

通常,大家需要"说"同一种语言才能开展讨论。也就是说,一旦知道如何读取模型上的符号(语法),就可以讨论这些符号所代表的内容(语义)。

> 了解了语法,就可以讨论语义了。

例如,图 7 所示的地理景观图可以帮助游客浏览城市。一旦知道地图上符号的含义,如表示街道的线条,我们就可以阅读地图,并将其用作了解地理景观的宝贵导航工具。

图 8 所示的建筑房型图可以帮助建筑师沟通设计计划。图样上包含了各种符号,如矩形代表房间,线条代表管道等。一旦知道图样上矩形和线条的含义,我们就知道了房屋的结构,并且可以理解整个建筑景观。

图 9 所示的数据模型图可帮助业务和技术人员讨论需求和术语。数据模型也包含了各种符号,如代表术语的矩形和代表业务

规则的线条。一旦理解了数据模型上矩形和线条的含义，我们就可以展开讨论，并就信息场景中捕获的业务要求和术语达成一致。

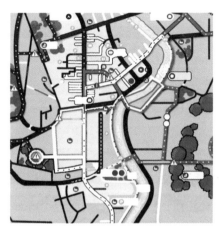

图 7　地理景观图

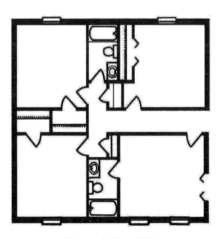

图 8　建筑房型图

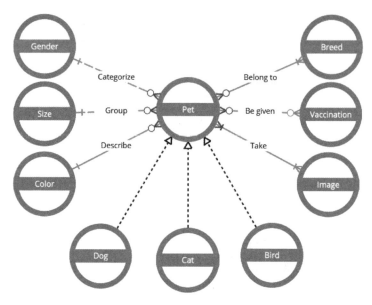

图 9 数据模型图

注：Categorize—将……分类；Group—将……分组；Describe—描述；Belong to—归属于；Be given—接种；Take—拍。

数据模型是信息场景的精确表示。通过构建数据模型，确认和记录不同视角的理解。

除了精确性之外，数据模型的另外两个重要特征是最小化和可视化。接下来讨论数据模型的这三个特征。

 ## 数据模型的三个特征

模型之所以有价值，就是因为其精确性——解释模型上符号含义的方法仅有一种。必须将语言和书面沟通中的模糊内容转化为精确的语言表达。精确并不意味着复杂——需要保持语言的简洁，只显示成功沟通所需的最少信息。此外，遵循"一图胜过千言万语"的格言，需要良好的视觉效果来传达这种精确而简洁的语言。

精确性、最小化和可视化是数据模型的三个基本特征。

精确性

Bob：你的课程（course）进展如何？

Mary：进展顺利。但是我的学生（student）抱怨作业太多了。他们告诉我还有很多其他课（class）。

Bob：我的高级研修班（session）学员（attendee）也这么说。

Mary：我没想到研究生也会这么说。不管怎样，你这个学期（semester）教了多少课程（offering）？

Bob：这个学期（term）我一共教了 5 门课程（offering），其中一门是晚上的非学分课程（class）。

我们可以让这个对话继续几页纸，但你看到这个简单对话中的歧义了吗？

- 不同的课程称呼（**Course**、**Class**、**Offering** 和 **Session**）有什么区别？
- 不同的学期称呼（**Semester** 和 **Term**）是一回事吗？
- 不同的学生称呼（**Student** 和 **Attendee**）一样吗？

精确性意味着"精确或清晰地定义或陈述"。精确性意味着一个术语只有一种解释，包括该术语的名称、定义和与其他术语的关系。组织中面临的增长、信任和生存有关的大多数问题，都源于缺乏精确性。

在最近的一个项目中，史蒂夫需要向一群高级人力资源主管解释数据建模。这些高级管理人员领导的部门负责实施非常昂贵的全球员工费用系统。史蒂夫觉得这些忙碌的人力资源主管们需要数据建模课程。所以，他要求坐在这个大会议室桌旁的每位经理写下他们对员工的定义。几分钟后大家停笔，史蒂夫要求大家分享他们对员工的定义。

像预期的那样，没有两个定义是相同的。例如，一位经理在他的定义中包括临时工，而另一位则包括暑期实习生。大家没有花费更多的会议时间试图就员工的含义达成共识，而是讨论了创建数据模型的原因，包括精确性的价值。史蒂夫解释说，这将是一个艰难的旅程——我们就员工的定义达成一致，并以数据模型的形式对其进行文档化，但之后任何人都不必再经历同样痛苦的过程。相反，大家可以使用和扩展现有的模型，为组织带来更多价值。

保持术语的精确性是一项艰巨的任务。需要将口头和书面沟通中的模糊陈述转化一种形式，使得多个人阅读有关该术语的内容时，每个人都能获得该术语的单一清晰画面，而不是各种不同的解释。例如，一组业务用户最初将产品定义为：

Something we produce intending to sell for profit.
我们生产出来旨在出售以获取利润的东西。

这个定义精确吗？当我们读这个定义时，我们每个人都清楚

"东西"（something）是什么意思吗？东西是像锤子一样有形的物体，还是某种服务？如果它是锤子，我们将这个锤子捐赠给一个非营利组织，它还是锤子吗？毕竟，我们没有从中获利。"旨在"（intending）这个词可能基本表达了我们的目的，但接下来不应该更详细地解释一下吗？到底"我们"是谁？是整个组织还是它的某个子集？还有"利润"（profit）一词的含义是什么？两个人是否会以完全不同的方式理解"利润"这个词？

你应该明白了问题所在。我们需要像侦探一样找到文本中的差距和模糊陈述，使术语更加精确。经过一些讨论后，我们将产品定义更新为：

产品，也称为成品，是达到可以销售给消费者状态的东西。它已完成制造过程，包含包装，并贴有可以销售的标签。产品不同于原材料和半成品。像糖或牛奶这样的原材料，以及像熔化的巧克力这样的半成品，永远不会销售给消费者。如果将来可以直接向消费者销售糖或牛奶，那么糖和牛奶也将成为产品。

例如：

黑巧克力 42 盎司

柠檬剂 10 盎司

蓝莓酱汁 24 盎司

至少请 5 个人看看他们是否都清楚这个特定项目中对产品的定义。测试精确性的最佳方法是尝试打破定义。可以想出很多例子，看每个人是否做出相同的决定，即每个例子中的物品是否都是产品。

1967 年，米利（G. H. Mealy）在一篇白皮书中做了以下陈述：

看起来，关于数据没有一个非常清晰和被普遍认同的概念——包括数据是什么，如何提供和处理数据，它们与编程语言和操作系统是否有关等。[2]

尽管米利先生是在 50 多年前提出了这一说法，但如果用"**数据库**"一词替换"**编程语言和操作系统**"，今天的类似说法依然成立。

致力于精确的表达，可以帮助我们更好地理解业务术语和业务需求。

最小化

现今的世界充满了充斥我们感官的各种噪声，使得我们很难聚焦于所需的相关信息，以做出明智决定。因此，模型应该包含一组最小化的符号和文本，通过只包含需要的表达来简化现实世界。模型中过滤掉了很多信息，创建了一个不完整但极其有用的现实反映。例如，模型可能需要包括相关客户的描述性信息，如姓名、出生日期和电子邮件地址，但不会包括添加或删除客户的过程信息。

可视化

可视化意味着采用图像而非大量文本。人类大脑处理图像的速度比文本快 6 万倍，而且传递给大脑的信息 90% 是视觉的[3]。

2　G. H. Mealy. *Another Look at Data*. AFIPS，第 525-534 页，1967 年秋季计算机联合议论文集。
http://tw.rpi.edu/media/2013/11/11/134fa/GHMealy-1967-FJCC-p525.pdf.

3　https://www.t-sciences.com/news/humans-process-visual-data-better.

有时我们可能会阅读整个文档，但直到在看到总结性的图形和图片时，那一刻才变得清晰。想象一下要了解从一个城市到另一个城市的情况，阅读直观显示道路连接方式的地图比阅读文字导航信息要容易得多。

数据模型的三个组件

数据模型的三个组件是实体、关系和属性(包括键)。

实体

实体是关于某件重要事物的信息集合。它是一个名词，被认为是基本的且对特定受众来说至关重要的名词。基本意味着该实体在讨论该项目的对话中被频繁提及。至关重要意味着如果没有这个实体，该项目将会有显著差异或不存在。

大多数实体很容易识别，包括一些常见的跨行业名词，如：客户(Customer)、员工(Employee)和产品(Product)。实体可以基于受众和项目范围在部门、组织或行业内有不同的名称和含义。航空公司可以将客户(Customer)称为乘客，医院可以将客户(Customer)称为患者，保险公司可以将客户(Customer)称为保单持有人，但他们都是商品或服务的接受者。

每个实体都可以归类为六个类别之一：谁(Who)、什么(What)、何时(When)、哪里(Where)、为什么(Why)或如何(How)。也就是说，每个实体只能是谁、什么、何时、哪里、为什么或如何的一种。表1包含每个类别的定义和示例。

表 1 实体类别的定义和示例

类　别	定　义	示　例
Who	人员或组织	员工、病人、球员、嫌疑人、客户、供应商、学生、乘客、竞争对手、作者
What	产品或服务。人员或组织生产或提供产品或服务以保持其业务运转	产品、服务、原材料、成品、课程、歌曲、照片、税务筹划、保单、品种
When	日历或时间间隔	时间表、学期、财务期间、持续时间
Where	地点。可以指实际地点或电子地点	员工家庭住址、分销点、客户网站
Why	事件或交易	订单、退货、投诉、提现、付款、交易、索赔
How	事件的记录。记录诸如采购订单（"如何"）记录订单事件（"为什么"）的事件。文件提供了事件发生的证据	发票、合同、协议、采购订单、超速罚单、装箱单、交易确认

在数据模型图上，实体通常以矩形显示，例如"宠物之家"案例中的这两个实体（如图 10 所示）：

图 10 传统实体

实体实例是该实体的一个具体存在、示例或代表。实体宠物（Pet）可能有多个实例，例如斑点、黛西、米斯蒂等。实体品种（Breed）可能有多个实例，如德国牧羊犬、格雷伊猎犬和比格犬。

在特定技术场景讨论时，实体和实例会采用更确切的名称。

例如，在像 Oracle 这样的 RDBMS 中，实体称为表，实例称为行。在 MongoDB 中，实体称为集合，实例称为文档。

关系

关系（Relationship）表示两个实体之间的业务连接，在模型上以连接两个矩形的线条形式出现。例如，图 11 所示是一个宠物（Pet）和品种（Breed）之间的关系：

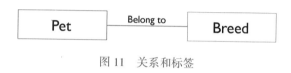

图 11 关系和标签

属于（Belong to）一词称为标签（label）。标签为关系添加了含义。我们不仅可以说宠物（Pet）可能与品种（Breed）相关，还可以说宠物（Pet）可能属于某个品种（Breed）。属于（Belong to）的含义比相关（Relate）更具体。

到目前为止，我们知道关系用来表示两个实体之间的业务连接。如果能够更多地了解关系的信息，将更有意义，例如宠物（Pet）是否可以属于多个品种（Breed），或者品种（Breed）是否可以分为多个宠物（Pet）类。接下来介绍基数的概念。

基数（Cardinality）是模型中关系线上的一个附加符号，表达一个实体有多少个实例参与了另一个实体实例的关系。

目前业界有几种模型表示法，每种方法都有自己的一套符号。在本书中使用一种称为信息工程（IE）的表示法。20 世纪 80 年代初以来，IE 一直是非常流行的表示法。如果你的组织内使用 IE 以外的其他表示法，则必须将以下符号翻译成你的模型表示法中的相应符号。

我们可以选择 0、1 或多的任意组合。多（Many，有些人使用 More）指 1 个或多个。是的，多包括 1 个。指定 1 个或多个表示捕获多少个实体实例参与给定关系。指定 0 或 1 个表示关系中该实体实例是否必需。

回想一下宠物（Pet）和品种（Breed）之间的关系（如图 11 所示）：

现在把基数添加到关系中。

首先询问几个参与性（Participation）问题以获得更多信息。参与性问题可以告诉我们关系是"1"还是"多"。例如：

- 一只宠物（Pet）可以属于多个品种（Breed）吗？
- 一个品种（Breed）可以有多只宠物（Pet）吗？

可以用一个简单的电子表格（见表 2）来跟踪这些问题及其答案：

表 2　参与性问题

问　　题	是	否
一只宠物可以属于多个品种吗？		
一个品种可以有多只宠物吗？		

我们咨询了"宠物之家"的专家并得到了如下答案（见表 3）：

表 3　参与性问题及其答案

问　　题	是	否
一只宠物可以属于多个品种吗？	√	
一个品种可以有多只宠物吗？	√	

我们了解到，一只宠物(Pet)可以属于多个品种(Breed)。例如，黛西是比格犬和梗犬的混血。我们也了解到，一个品种(Breed)可以有多只宠物(Pet)。例如，斯帕基和斑点都是格雷伊猎犬。

在 IE 表示法中，"多"(指 1 个或多个)在数据模型上是一个看起来像鸭掌的符号(数据人俗称它为鸭掌模型)，如图 12 所示。

图 12　显示参与性问题的答案

现在我们对关系有了更多的了解：

- 每只宠物(Pet)可以属于多个品种(Breed)。
- 每个品种(Breed)可以有多只宠物(Pet)。

在阅读关系时，我们会使用"每"(Each)这个词，通常这个词用在对读者最有意义的、关系标签最清晰的那个实体前面。

到目前为止，这个关系还不够精确。所以，除了问前面两个参与性问题之外，我们还需要问几个存在性(Existence)问题。存在性问题告诉我们对于每个关系，一个实体是否可以在没有另一个实体存在的情况下存在。例如：

- 一只宠物(Pet)可以没有明确品种(Breed)而存在吗？
- 一个品种(Breed)可以没有宠物(Pet)而存在吗？

我们询问了"宠物之家"的专家并得到了这些答案(见表4)：

表4　存在性问题及其答案

问　　题	是	否
一只宠物可以没有明确品种而存在吗？		√
一个品种可以没有宠物而存在吗？	√	

我们了解到，一只宠物(Pet)不能没有明确品种(Breed)而存在，而一个品种(Breed)可以没有宠物(Pet)而存在。这意味着，例如，"宠物之家"可能没有吉娃娃。然而，需要为每只宠物(Pet)确定一个品种(Breed)(在这种情况下是一个或多个品种)。一旦我们提到黛西，就需要确定它的品种，比如比格犬或梗犬中的至少一个。

图 13 显示了这两个问题的答案。

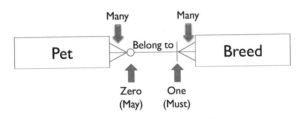

图 13　显示存在性问题的答案

在添加存在性之后，有了一个更精确的关系：

- 每只宠物(Pet)必须(Must)属于一个或多个品种(Breed)。
- 每个品种(Breed)可能(May)有多只宠物(Pet)。

存在性问题也称为可能/必须问题。在阅读关系时，存在性问题告诉我们是使用"可能"还是"必须"。0 表示"可能"，指可选性——该实体可以在没有另一个实体的情况下存在。例如，品种(Breed)可以在没有宠物(Pet)的情况下存在。1 表示"必须"，指一定需要——该实体不能在没有另一个实体的情况下存在。例如，宠物(Pet)必须属于至少一个品种(Breed)。

如果我们的工作处于详细逻辑数据模型(稍后将详细讨论)层面，还需要问另外两个识别性(Identification)问题。

识别性问题告诉我们对于每个关系，一个实体是否可以在没

有另一个实体的情况下识别出来。例如:

- 不知道品种(Breed)也可以识别宠物(Pet)吗?
- 不知道宠物(Pet)也可以识别品种(Breed)吗?

我们咨询了"宠物之家"的专家并得到了这些答案(见表5):

表5 识别性问题及其答案

问　　题	是	否
不知道品种也可以识别宠物吗?	√	
不知道宠物也可以识别品种吗?	√	

我们了解到,在不知道品种(Breed)的情况下可以识别宠物(Pet)。可以在不知道斯帕基是德国牧羊犬的情况下把它叫作斯帕基。此外,可以在不了解宠物(Pet)的任何信息的情况下识别品种(Breed)。这意味着,例如,可以在没有任何宠物(Pet)信息的情况下标识吉娃娃品种。

模型图(如图14所示)中用虚线标识非识别关系(Non-identifying Relationship),即当两个问题的答案都是"是"的情况。用

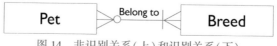

图14 非识别关系(上)和识别关系(下)

实线捕获识别关系(Identifying Relationship)，即当其中一个答案是"否"的情况。

综上所述，参与性问题揭示了每个实体与另一个实体是否具有一对一或一对多的关系。存在性问题揭示了每个实体与另一个实体是否具有可选的("可能")或强制的("必须")关系。识别性问题揭示了每个实体是否需要另一个实体来返回唯一的实体实例。

开始的时候，使用具体的示例可以让事情变得更容易理解，并最终帮助你向同事解释模型。参见图 15 中的示例。

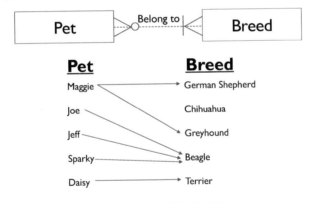

图 15　使用示例数据验证关系

注：Pet—宠物；Maggie—玛吉；Joe—乔；Jeff—杰夫；Sparky—斯帕基；Daisy—黛西；Breed—品种；German Shepherd—德国牧羊犬；Chihuahua—吉娃娃；Greyhound—格雷伊猎犬；Beagle —比格犬；Terrier—梗犬。

从这个数据集可以看出，某个宠物(Pet)可以属于多个品种(Breed)，比如玛吉是德国牧羊犬和格雷伊猎犬的混种。你还可以看到每个宠物(Pet)都必须属于至少一个品种(Breed)。也可以有一个暂时不存在任何宠物(Pet)的品种(Breed)，比如吉娃娃。此外，一个品种(Breed)可以包括多只宠物(Pet)，比如乔、杰夫和斯帕基都是比格犬。

回答完所有 6 个问题后，可以得到一个精确的关系。精确意味着不同的人可以以完全相同的方式读取模型。

假设对 6 个问题的答案略有不同(见表 6)：

表 6　6 个问题及其答案

问　　题	是	否
一只宠物可以属于多个品种吗?		√
一个品种可以有多只宠物吗?	√	
一只宠物可以没有明确品种而存在吗?		√
一个品种可以没有宠物而存在吗?	√	
不知道品种也可以识别宠物吗?	√	
不知道宠物也可以识别品种吗?	√	

这 6 个答案产生如图 16 所示的模型。

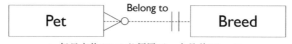

- 每只宠物(Pet)必须属于一个品种(Breed)。
- 每个品种(Breed)可以有多只宠物(Pet)。

图 16　问题不同的答案会导致不同的基数

在上面这个模型中，只能包括纯种宠物(Pet)，因为必须为每只宠物(Pet)分配唯一一个品种(Breed)。这个"宠物之家"中没有杂交品种。

标签要非常清晰。标签是连接实体(名词)的动词。任何一个完整的句子，都需要名词和动词。要确保关系线上的标签尽可能地描述完整。下面是一些好标签的示例：

- 包含（Contain）。
- 提供（Provide）。
- 拥有（Own）。
- 发起（Initiate）。
- 描述特征（Characterize）。

应避免在标签中使用以下单词，因为它们没有为读者提供额外的信息。你可以将这些词与其他词组合使用以合成有意义的标签；要避免单独使用这些词：

- 有（Have）。
- 相关联（Associate）。
- 参与（Participate）。
- 相关（Relate）。
- 是（Are）。

例如，关系语句可以做如下替换：

"每只宠物（Pet）必须与一个品种（Breed）相关（relate）。"

替换为：

"每只宠物（Pet）必须属于（belong to）一种品种（Breed）。"

在特定技术语境中，"关系"可能采用更确切的名称表达。例如，在 Oracle 等 RDBMS 中，关系称为约束。MongoDB 中的关系称为引用，但它们不是强制执行的约束。通常倾向于通过嵌入方式来实现关系。这两种方法的优缺点在本书后面章节有详细讨论。

除了关系线之外，还可以有子类型关系。子类型关系将共同的实体分在一组。例如，实体狗（Dog）和猫（Cat）可能通过子类型分到更通用的宠物(Pet)组下。在这个例子中，宠物(Pet)称为分组实体或超类型(Supertype)，狗(Dog)和猫(Cat)称为被分在一组的两个子类型(Subtype)，如图 17 所示。

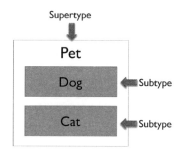

图 17　类似于继承概念的子类型

我们可以这样理解该模型：

- 每个宠物(Pet)都是狗(Dog)或猫(Cat)之一。
- 狗(Dog)是一种宠物(Pet)。猫(Cat)是一种宠物(Pet)。

子类型关系意味着属于超类型的所有关系(以及我们马上要学习的属性)同样属于每个子类型。因此，与宠物(Pet)的关系也属于狗(Dog)和猫(Cat)。例如，猫可以属于某些品种，所以对于所有的猫和狗来说，与品种(Breed)的关系存在宠物(Pet)级别，而不是狗(Dog)级别，如图 18 所示。

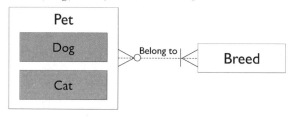

图 18　Pet 的关系 Dog 和 Cat 继承

所以如下关系：

- 每只宠物(Pet)都必须属于多个品种(Breed)。
- 每个品种(Breed)都可以有多只宠物(Pet)。

也适用于狗(Dog)和猫(Cat)：

- 每条狗(Dog)都必须属于多个品种(Breed)。
- 每个品种(Breed)都可以有多条狗(Dog)。
- 每只猫(Cat)都必须属于多个品种(Breed)。
- 每个品种(Breed)都可以有多只猫(Cat)。

子类型不仅可以减少冗余，而且可以更容易地在看似不同和独立的术语之间传达相似之处。

属性和键

实体包含多个属性，属性(Attribute)是实体的片段信息标识、描述或实例测量值。例如：实体宠物(Pet)可能包含识别宠物(Pet)的属性宠物号码(Pet Number)、描述宠物(Pet)的属性宠物名字(Pet Name)以及测量宠物(Pet)的属性宠物年龄(Pet Age)。

在特定技术语境下，"属性"可以采用更确切的名称表达。例如，在 Oracle 等 RDBMS 中，属性称为列。在 MongoDB 中，属性称为字段。

候选键(Candidate Key)是一个或多个属性，它能唯一标识一个实体实例。我们为每本书分配一个 ISBN(国际标准书号)。该 ISBN 唯一标识每本书，因此 ISBN 是书的候选键。在一些国家，税号(Tax ID)可以是组织的候选键。账号代码(Account Code)可以是账户的候选键。VIN(Vehicle Identification Number，车辆识别号码)可以标识机动车辆。

候选键必须具有唯一性和强制性。唯一性意味着一个候选键值不能标识多个实体实例(或多个现实世界的事物)。强制性意味着候选键不能为空(empty,也称为 nullable)。每个实体实例必须由一个候选键值精确标识。

候选键的不同值的总数量等于不同实体实例的总数量。如果"书"这个实体的候选键是 ISBN,并且有 500 个实例,那么也将有 500 个唯一的 ISBN。

即使一个实体可能包含多个候选键,也只能选择一个候选键作为该实体的主键。主键(Primary Key)是实体唯一标识符的首选候选键。备用键(Alternate Key)也是一个候选键,尽管它同样具有唯一性和强制性,尽管它仍然可以用于查找特定的实体实例,但没有被选为主键。

模型图中,出现在实体框内的线上的字段为主键,带有"AK"标识的为备用键。所以在如图 19 所示的宠物(Pet)实体中,宠物号码(Pet Number)是主键,宠物名字(Pet Name)是备用键。在宠物名字(Pet Name)有一个备用键标识,意味着不能有两个同名的宠物。这是否合理还是一个很好的讨论话题。但是,当前状态下的模型不允许有重复的宠物名字(Pet Name)。

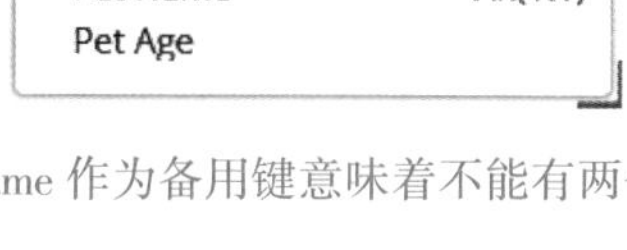

图 19　Pet Name 作为备用键意味着不能有两个同名的宠物

候选键可以是单一键(Simple Key)、复合键(Compound Key)或组合键(Composite Key)。如果它是单一键,可能是业务键(Business Key)或代理键(Surrogate Key)。表 7 包含各种键类型的示例。

表 7　各种键类型的示例

	单 一 键	复 合 键	组 合 键	重 载 键
业务键	国际标准书号 ISBN	促销类型代码 促销开始日期	(客户名字+ 客户姓氏+生日)	学生年级
代理键	图书编号 Book ID			

有时,一个属性就可以标识实体实例,如图书的 ISBN。当单个属性组成键时,称之为单一键。单一键可以是业务键(也称为自然键)或代理键。

业务键对业务可见[例如保单(Policy)的保单号(Policy Number)]。代理键永远对业务不可见。代理键是技术人员为解决技术问题而创建的,如空间效率、速度或集成等。它是一个表的唯一标识符,通常是一个固定长度的计数器,由系统生成,不带有任何业务含义。

有时需要多个属性才能唯一标识一个实体实例。例如,促销类型代码(Promotion Type Code)和促销开始日期(Promotion Start Date)都可能是识别促销活动所必需的。当多个属性组成一个键时,称之为复合键。因此,促销类型代码(Promotion Type Code)和促销开始日期(Promotion Start Date)组合在一起是促销活动的复合候选键。当一个键包含多个信息时,称之为组合键。将客户的名、姓和生日全部包含在同一个属性中的简单键就是简单组合键的一个例子。当一个键包含不同的属性时，称之为重载键（Overloaded Key）。学生成绩（Student Grade）属性有时可能包含实际成绩等级，如 A、B 或 C。有时候，它可能包含通过 P 和不及格 F。因此，这里的学生成绩（Student Grade）就是一个重载属性，即有时包含学生的成绩，有时表示学生是否通过了课程。

让我们看看图 20 中的模型。

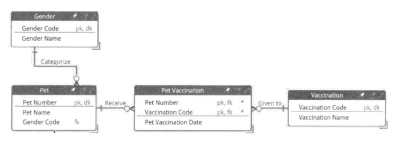

图 20　多个实体的外键指向一个实体的主键

注：Receive—接收（××为成员）。

下面是模型中捕获的一些规则：

- 每个性别（Gender）下都可以有多只宠物（Pet）归类。
- 每只宠物（Pet）必须归类为一个性别（Gender）。
- 每只宠物（Pet）可以接种多种疫苗（Vaccination）。
- 每次接种（Vaccination）可以给许多宠物（Pet）接种。

关系中"一"方的实体称为父实体，"多"方的实体称为子实体。例如，在性别（Gender）和宠物（Pet）之间的关系中，性别（Gender）是父实体，宠物（Pet）是子实体。当从父实体创建到子实体的关系时，父实体的主键被复制为子实体的外键。可以在宠物（Pet）实体中看到有一个外键性别代码（Gender Code）。

外键(Foreign Key)是一个或多个属性,链接到另一个实体(在递归关系的情况下,其中同一实体的两个实例也可能相关,也就是说,以相同实体开始和结束的关系,链接到同一个实体)。在物理层面上,外键允许关系数据库管理系统从一个表导航到另一个表。例如,如果需要知道特定宠物(Pet)的性别(Gender),使用宠物(Pet)表中的外键性别代码(Gender Code)外键导航到性别表(Gender)即可。

数据模型的三个层次

传统上,数据建模是为关系数据库管理系统(RDBMS)生成一组结构。首先,构建概念数据模型(Conceptual Data Model,CDM),更确切地说,应称为 BTM(Business Terms Model,业务术语模型)来捕获项目的通用业务语言(例如,"什么是客户?")。接下来,使用 BTM 的通用业务术语创建逻辑数据模型(Logical Data Model,LDM),以精确定义业务需求(例如,"我需要在这个报告上看到客户的姓名和地址。")。最后,在物理数据模型(Physical Data Model,PDM)中,专门为 Oracle、Teradata 或 SQL Server 等特定技术设计实现这些业务需求(例如,"客户姓氏是一个可变长度的非空字段,具有非唯一索引……")。PDM 表示的是具体应用程序的 RDBMS 设计。然后从 PDM 生成的数据定义语言(Data Definition Language,DDL)可以在 RDBMS 环境中运行,以创建存储应用程序数据的一组表。总结一下,从通用业务语言开始,到业务需求,再到设计,最后到表。

概念数据模型、逻辑数据模型和物理数据模型在过去 50 年的应用程序开发中发挥了非常重要的作用，在未来 50 年，它们将继续发挥更重要的作用。

无论是技术、数据的复杂性还是需求的广度，总会存在通过一张图获取业务语言(概念)、业务需求(逻辑)和设计(物理)的需求。

然而，概念、逻辑和物理这些名称深深地留下了 RDBMS 的烙印。因此，需要更全面的名称来适应 RDBMS 和 NoSQL 的三个级别需求。

对齐＝概念，细化＝逻辑，设计＝物理

使用对齐、细化和设计代替概念、逻辑和物理有两个好处：更大的用途和更广的背景。

更大的用途意味着重塑为对齐、细化和设计后，名称中包含了该级别期望做的事情。对齐是就术语和一般项目范围达成一致，以便每个人都能对术语的理解保持一致。细化是收集业务需求，即细化对项目的了解以关注最重要的方面。设计是关注技术需求，即确保在模型上满足软件和硬件的独特需求。

更广泛的背景意味着不再局限于模型。当使用诸如概念之类的术语时，大多数项目团队只将模型视为交付成果，而忽略了为产生模型而做的所有工作或与之相关的其他交付成果，如定义、问题/疑问解决和血缘(血缘意味着数据来自何处)。对齐阶段涉及概念(业务术语)模型，细化阶段涉及逻辑模型，设计阶段涉及物理模型。我们没有丢弃建模术语。相反，我们将模型与其所处更广泛的阶段区分开来。例如，我们不说处于逻辑数据建模阶段，而是说处于细化阶段，逻辑数据模型只是交付成果之一。逻辑数据模型处于更广泛的细化阶段中。

如果你正在与一群不热衷于概念、逻辑和物理这些传统名称的利益相关者合作，你可以将概念数据模型称为对齐数据模型，逻辑数据模型称为细化数据模型，物理数据模型称为设计数据模型。使用这些术语会对受众产生极大的正面影响。

概念级别是对齐，逻辑级别是细化，物理级别是设计。对齐、细化和设计——不仅容易记住，而且还押韵！

业务术语（对齐）

很多人会有这种感受，使用通用业务语言的人们使用着并不一致的术语。例如，史蒂夫最近在一家大型保险公司主持了一场高级业务分析师和高级经理之间的讨论。

高级经理对业务分析师延迟其业务分析应用程序开发表达了不满。"我们的团队正在与产品负责人和业务用户会面，以完成即将推出的'报价分析'应用程序中的保险报价用户故事，这时一位业务分析师提出了一个问题：报价是什么？会议的其余时间都用在了试图回答这个问题上。为什么我们不能关注在'报价分析'需求上呢？我们原本就是为此而开会的。敏捷才是我们需要的！"

如果为了澄清报价的含义而花了很长时间进行讨论，那么这家保险公司很可能不太理解报价的含义。所有业务用户都可能会同意报价是保费的估算，但是在什么时点上估算报价这个问题上可能存在分歧。例如，估算是否必须基于一定比例的事实才能被视为报价？

如果用户都不清楚报价的定义，那么报价分析程序如何才能满足用户需求呢？设想一下以下问题的答案：

上个季度东北部地区的人寿保险报价单有多少？

如果没有对报价达成共识和理解，某个用户可以根据他对报价的定义来回答这个问题，而另一个人也可以根据他对报价不同的定义来回答该问题。这两个用户中至少有一个（也可能是两者）很可能得出错误的答案。

史蒂夫与一所大学合作，其员工无法就学生的含义达成一致；与一家制造公司合作，其销售和会计部门在总资产回报率的含义上存在分歧；与一家金融公司合作，其分析师们在交易的含义上进行了激烈的争论——这都是我们需要克服的同一种挑战，不是吗？

因此我们要努力达成共同的业务语言。

共同的业务语言是任何项目成功的先决条件。我们可以捕获和传达业务流程和需求背后的术语，使不同背景和角色的人能够相互理解和沟通。

概念数据模型（CDM），更确切地称为业务术语模型（Business Terms Model，BTM），是一种通过为特定项目提供精确、最小化和可视化的工具来简化信息场景的符号和文本语言。

上述定义囊括了对模型的要求，即范围明确、精确、最小化和可视化。要想了解最有效的可视化类型，需要了解模型的受众群体。

受众包括验证和使用模型的人员。验证是指告诉我们模型是否正确或需要调整。使用是指阅读并从模型中受益。建模范围包含一个具体项目，如应用开发项目或商务智能计划。

了解受众和建模范围可以帮助我们决定要对哪些术语建模，这些术语的含义是什么，术语之间的关系是什么，以及最有效的可视化类型。此外，了解建模范围可以确保我们不好高骛远，企图对企业中的每一个可能的术语进行建模，而是仅关注那些为当前的项目增加价值的术语。

尽管这个模型在传统上被称为概念数据模型，但"概念"这个词对数据领域之外的人来说通常不是一个非常正面的术语。"概念"听起来就像是 IT 团队想出来的一个术语。因此，我们更喜欢把"概念数据模型"称为"业务术语模型"，并将在后面使用这个术语。这个模型涉及业务术语，并且包含"业务"一词可以提高其作为面向业务交付成果的重要性，也与数据治理保持一致。

业务术语模型通常非常适合画在一张纸上——注意不是绘图仪上面的大纸。将 BTM 限制在一页非常重要，只有这样才能鼓励我们只选择关键术语。我们可以在一页纸上容纳 20 个术语，但绝对无法容纳 500 个术语。

BTM 范围明确、精确、最小化且可视化，可以提供一种通用的业务语言。因此，可以捕获和表达复杂且全面的业务流程及需求，使不同背景和角色的人能够参与最初的讨论和术语辩论，并最终使用这些术语进行有效沟通。

随着越来越多的数据被创建和使用，再加上激烈的竞争、严格的法规和快速传播的社交媒体，财务、责任和信誉的风险从未如此之高。因此，通用的业务语言需求从未如此强烈。例如，图 21 所示为"宠物之家"的业务术语模型。

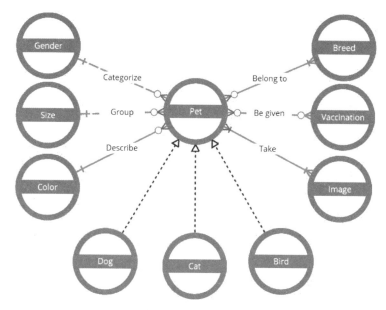

图 21 "宠物之家" 的业务术语模型

模型中的每个实体都有一个精确清晰的定义。例如，宠物（Pet）可能有在维基百科中出现的类似定义：

宠物，或称为伴侣动物是为了陪伴人或娱乐而饲养的动物，而非工作动物、肉食动物或实验动物。

更有可能的是，定义中会有一些针对特定数据模型读者或针对某特定项目的更多说明，比如：

宠物是通过了所有收养检查的狗、猫或鸟。例如，如果Sparky通过了所有身体和行为检查，我们会认为Sparky是一只宠物。但是，如果Sparky至少还有一项检查未通过，我们将把Sparky标记为待重新评估的动物。

现在让我们逐一查看一下这些关系：

- 每个宠物都可以是狗、猫或鸟。
- 狗是一种宠物。
- 猫是一种宠物。
- 鸟是一种宠物。
- 每种性别下都可以有多只宠物。
- 每只宠物都必须被归类为一种性别。
- 每种体型下都可以有多只宠物。
- 每只宠物都必须被归类为一种体型。
- 每种颜色都可以描述多只宠物。
- 每只宠物都必须被描述为一种颜色。
- 每只宠物都必须属于某个品种。
- 每个品种下都可以有多只宠物。
- 每只宠物都可以接种多种疫苗。
- 每次接种都可以给多只宠物接种。
- 每只宠物都必须拍摄多张照片。
- 每张照片都必须拍摄多只宠物。

逻辑（细化）

逻辑数据模型（LDM）是对业务问题的业务解决方案。它是建模人员在不用考虑复杂的技术实现问题（例如软件和硬件）的情况下细化业务需求的方式。

例如，通过 BTM 捕获新订单应用程序的通用业务语言之后，继续增加属性和更详细的关系与实体来细化 BTM 成为 LDM，以收集该订单应用程序的需求。BTM 包含订单（Order）和客户（Customer)的定义,而 LDM 包含交付需求所需的订单(Order)和客户(Customer)属性。

回到"宠物之家"示例,图 22 包含了"宠物之家"逻辑数据模型的一个子集。

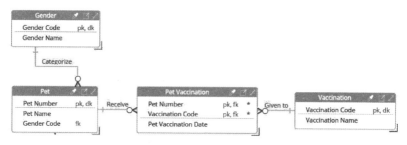

图 22 "宠物之家"逻辑数据模型的子集

"宠物之家"应用程序的需求出现在这个模型上。该模型显示了向业务交付解决方案所需的属性和关系。例如,在宠物(Pet)实体中,每个宠物(Pet)由宠物号码(Pet Number)标识并用其名称和性别进行描述。性别(Gender)和疫苗接种(Vaccination)是定义好的列表。我们还发现宠物必须有一个性别(Gender),并可以接受任意次数(包括零)的疫苗接种(Vaccination)。

请注意,在关系数据库的上下文中,LDM 遵循规范化规则。因此,在图 23 中存在关联实体,也称为"连接表",这是为多对多关系的物理实现做准备。

由于 MongoDB 允许嵌入和逆规范化,通常不需要这些"连接表",而选择具有相同业务规则的更简单视图。可以遵循下面讨论的领域驱动设计的"聚合"概念,并利用逆规范化,将属于一组的内容保存在一起,如图 23 所示。

图 23 逆规范化的表示形式

注：这种逆规范化的表示形式可以轻松地实现规范化的物理数据模型，相反，在更复杂的配置中不一定如此。

重要的是通过记录查询频率、结果延迟、数据量和数据速度、数据保留等需求的收集来识别、量化和限定工作负载。这些内容在"细化"一章中有更详细的讨论。

领域驱动设计

这里简要介绍一下软件开发中的一种非常流行且有用的方法论：领域驱动设计（Domain-Driven Design，DDD）。其原则在 NoSQL 的数据建模背景下具有一定的相关性。

Eric Evans 是 *Domain-Driven Design：Tackling Complexity in the Heart of Software* 一书的作者，该书于 2003 年出版，被认为是领域驱动设计方面最有影响力的著作之一。其原则包含内容如下。

- 无处不在的语言：建立项目所有利益相关者使用的通用语言，并反映与业务相关的概念和术语。
- 限界上下文：通过将系统分解成较小、更易管理的碎片来管理系统的复杂性。这是通过围绕软件系统的每个特定领域定义边界来完成的。每个限界上下文都有适合该上下文自己的模型和语言。

- 领域模型：使用领域的业务术语模型，该模型表示领域的重要实体、实体之间的关系以及领域的行为。
- 上下文映射：定义和管理不同限界上下文之间的交互和关系。上下文映射有助于确保不同的模型保持一致，并确保团队之间的沟通有效。
- 聚合：识别相关对象簇，并将它们中的每个都视为一个变更单元。聚合有助于在领域内强制执行一致性和完整性。
- 持续细化：随着发现新的见解和需求而不断完善领域模型的迭代过程。领域模型应该基于利益相关者和用户的反馈随时间的推移而进化和改进。

这些原则凭其常识性和实用性而受到关注，尤其是一些微妙的细节值得注意。例如，BTM 有助于建立业务和技术的通用词汇，而 DDD 进一步要求开发人员在代码、集合/表和字段/列的命名中使用这种语言。

一些传统的数据建模人员对 DDD（以及敏捷开发）表达了保留意见。当然，对于每种方法论和技术，都有误解和误导的例子。但是，如果方法和经验运用得当，DDD 和敏捷开发可以取得巨大成功。我们认为可以将 DDD 的原则直接适用于数据建模，以进一步增强其相关性，而不是将其视为相反的方法。

在 NoSQL 数据库和现代架构模式技术栈（包括事件驱动和微服务）的背景下，DDD 尤为重要。具体来说，DDD 的"聚合"概念与 JSON 文档具有嵌套对象及逆规范化层次结构相当匹配。

而且，严格定义的逻辑数据模型要遵循很多与技术无关的规范化要求，显得限制过多。Hackolade 扩展了模型与技术无关的功能，允许复杂数据类型进行嵌套和逆规范化，以适应支持 NoSQL 的结构。

物理(设计)

物理数据模型(PDM)是为适应特定软件或硬件要求定制的逻辑数据模型。BTM 收集通用业务词汇，LDM 收集业务需求，PDM 收集技术需求。也就是说，PDM 是一个适合当前技术要求的结构良好的业务需求数据模型。这里的"物理"表示技术设计。

在构建 PDM 时，处理的是与特定硬件或软件相关的问题，例如，如何实现结构的最佳设计:

- 如何尽可能快地处理运营数据?
- 如何保护信息的安全性?
- 如何在亚秒级时间内响应业务请求?

例如，图 24 所示为"宠物之家"关系版本的物理数据模型，图 25 所示为"宠物之家"嵌套版本的物理数据模型。

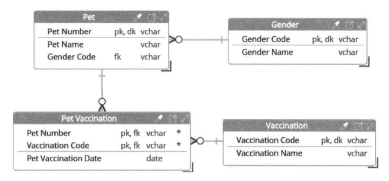

图 24 "宠物之家"关系版本的物理数据模型

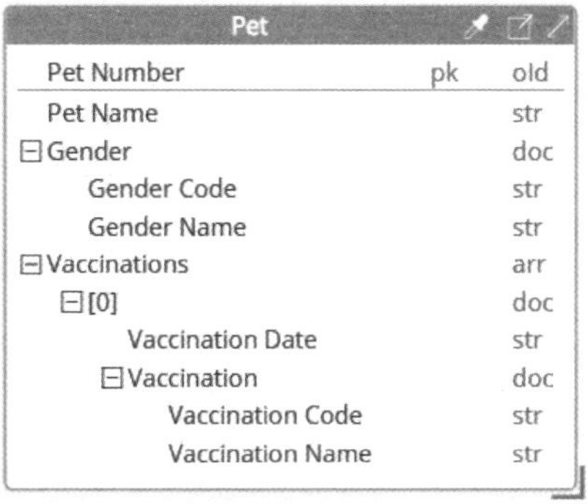

图 25 "宠物之家"嵌套版本的物理数据模型

物理数据模型可认为是向适应特定技术妥协的逻辑数据模型。例如，在 Oracle 等 RDBMS 中实现该模型，我们可能需要采用逆规范化的手段，组合某些结构以提升检索性能。

图 24 是一个规范化的 RDBMS 模型，图 25 显示了某种逆规范化设计以利用 MongoDB 文档。文档中联系密切的信息通过子对象的嵌套保存在一起。关系连接表 Pet Vaccination 的基数被替换为数组以存储多个 Vaccination。这种聚合方法支持每个文档原子单元的引用完整性。请注意，如果以应用程序的访问模式，这种嵌套不会妨碍 Vaccination 表的继续存在，但需要注意同步逆规范化数据以确保一致性。

数据建模的三个视角

关系数据库管理系统(RDBMS)和 NoSQL 是两个主要的建模视角。在 RDBMS 内，又分为关系和维度两个视角，而 NoSQL 主要面向查询。因此，总结起来，建模的三个视角是关系、维度和查询。

表 8 对比了关系、维度和查询三个视角。在本节中，将针对每个视角进行更深入详细的讨论。

表 8　关系、维度和查询三个视角的比较

视　　角	关　　系	维　　度	查　　询
优势	通过集合精确表示数据	精确表示数据如何用于分析	精确表示将如何接收和访问数据
重点	精确表示将如何接收和访问数据	分析业务流程的业务问题	提供深入了解业务流程的访问路径
用例	运营（OLTP）	分析（OLAP）	发现
父视角	RDBMS	RDBMS	NoSQL
例子	客户必须拥有至少一个账户	通过日期、区域和产品产生了多少收入？也想按月和年查看……	哪些客户的支票账户今年产生了超过10 000美元的费用，该客户还拥有至少一只猫，并住在纽约市500mile 范围内

RDBMS 是根据 Ted Codd 于 1969—1974 年间发表的开创性论文中的思想来存储数据的。按照 Codd 的想法实现的 RDBMS 中，物理层面的实体是其中包含属性的表。每个表都有一个主键和外键约束来强制执行表之间的关系。RDBMS 存在了这么多年，首先就是因为它能够通过执行规则来维护高质量数据，从而保持数据完整性的能力。其次，RDBMS 通过高效使用 CPU，在存储数据、减少冗余和节省存储空间方面非常高效。在过去十年中，随着磁盘变得越发便宜，CPU 利用性能却没有提高，节省空间的好处已经减弱。这两种因素现在都有利于 NoSQL 数据库的发展。

NoSQL 的意思是"非关系型数据库管理系统"（NoRDBMS）。NoSQL 数据库与 RDBMS 以不同的方式存储数据。RDBMS 以表

（集合）的形式存储数据，主键和外键驱动数据完整性和导航。NoSQL 数据库不以集合的形式存储数据。例如，MongoDB 以 BSON 格式存储数据。其他 NoSQL 解决方案可能以资源描述框架（Resource Description Framework，RDF）三元组、可扩展标记语言（eXtensible Markup Language，XML）或 JavaScript 对象表示法（Java Script Object Notation，JSON）存储数据。

关系、维度和查询可以在所有三个模型级别存在，如表 9 所示，这为我们提供了 9 种不同类型的模型。在前一节中讨论了对齐、细化和设计的三个层次。首先对齐通用业务语言，然后细化业务需求，最后设计数据库。例如，如果我们正在为保险公司新的理赔申请建模，可能会创建一个关系数据模型来收集理赔流程中的业务规则。过程中，BTM 用于收集理赔业务词汇，LDM 用于收集理赔业务详细需求，PDM 用于理赔数据库设计。

表 9　9 种不同类型的模型

	关 系 型	维　　度	NoSQL
业务术语（对齐）	术语和规则	术语和路径	术语和查询
逻辑（细化）	集合	度量和上下文	按层级查询
物理（设计）	折中集合	星形模式或雪花模式	增强的层次结构查询

关系

当需要收集和执行业务规则时，关系数据模型效果最好。例如，如果操作应用程序需要应用许多业务规则，那么关系数据模型可能是理想的选择。比如，订单应用程序要确保每个订单项都只属于某个订单，并且每个订单项由其订单号加顺序号标识，关系视角侧重于业务规则。

我们可以在业务术语、逻辑和物理三个层次上建立关系。关系业务术语模型包含特定项目的通用业务语言，收集这些术语之间的业务规则。关系逻辑数据模型包括实体及其定义、关系和属性。关系物理数据模型包括表、列和约束等物理结构。之前介绍的业务术语数据模型、逻辑数据模型和物理数据模型都是关系型数据模型的示例，如图 26、图 27 和图 28 所示。

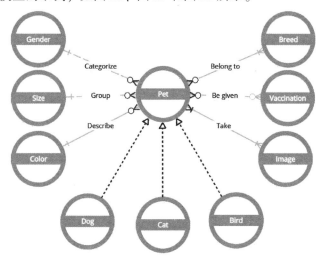

图 26　关系视角的 BTM

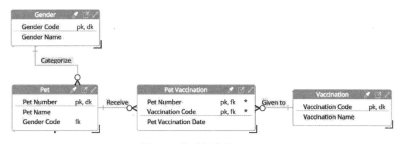

图 27　关系视角的 LDM

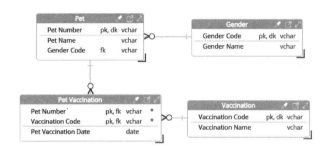

图 28 关系视角的 PDM

图 29 是另一个关系视角的 BTM 示例。

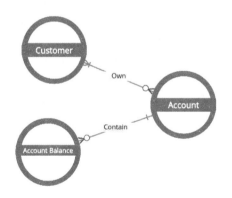

图 29 另一个关系视角的 BTM

注：Own—拥有；Contain—包含。

关系视角会收集如下信息：

- 每个客户（Customer）可以拥有多个账户（Account）。
- 每个账户（Account）必须由多个客户（Customer）拥有。
- 每个账户（Account）可以包含多个账户余额（Account

Balance)。

   ● 每个账户余额(Account Ba lance)必须属于一个账户(Account)。

在与项目发起人的一次会议上，我们编写了以下定义：

客户	客户是在我们银行开立一个或多个账户的个人或组织。如果一个家庭的每个成员都有自己的账户，则每个家庭成员都被视为不同的客户。如果有人开户后关闭了账户，他们仍然被视为客户。
账户	账户是我们银行代表客户持有资金的合同安排。
账户余额	账户余额是客户在我们银行特定账户中在给定时间段结束时的资金数额的财务记录，如某人某月份的支票账户余额。

对于关系视角的逻辑数据模型，我们使用一组称为规范化(Normalization)的规则向实体(集合)分配属性。

尽管规范化在数学(集合论和谓词演算)上有理论基础，但我们更愿意把它视为设计灵活结构的一种技巧。更具体地说，我们将规范化定义为一个提出业务问题、提升建模人员对业务知识认识的过程，并能够构建支持高质量数据的灵活结构。

业务问题围绕不同级别来组织，包括第一范式(1NF)、第二范式(2NF)和第三范式(3NF)。William Kent 巧妙地总结了这三个级别：

每个属性都取决于键，每个属性都依赖于整个键，且和除键之外的任何内容无关。

"每个属性都依赖于键"是 1NF，"每个属性都依赖于整个键"是 2NF, "和除键之外的任何内容无关"是 3NF。请注意，高级别的规范化包括了低级别规范化，因此 2NF 包括 1NF, 3NF 包括 2NF 和 1NF。

为确保每个属性都依赖于键(1NF)，需要确保对于给定的主键值，从每个属性中最多只获取一个值。例如，分配给图书实体(Book)的作者名称(Author Name)属性就违反了 1NF, 因为对于给定的图书(如本书)，可以有多个作者。因此，作者名称(Author Name)不属于图书(Book)这个实体，需要把它移动到其他不同的实体中。可以将作者名称(Author Name)分配给作者实体(Author)，并且图书(Book)和作者(Author)两个实体之间存在一种关系，说明每本图书(Book)可以由多个作者(Author)编写。

为确保每个属性都依赖于全部主键(2NF)，需要确保有最小的主键。例如，如果图书(Book)的主键是 ISBN 和书名(Book Title)，那么书名(Book Title)在主键中其实是非必要的。像书价(Book Price)这样的属性都是直接依赖于 ISBN, 因此在主键中包括书名(Book Title)没有任何意义。

为确保没有隐藏的依赖关系("和除键之外的任何内容无关"，这是 3NF)，需要确保每个属性直接依赖于主键，并且没有其他依赖。例如，订单总金额(Order Gross Amount)属性不直接依赖于订单(Order)的主键(一般来说是订单号[Order Number])。相反，订单总金额(Order Gross Amount)取决于列表价格(List Price)和项目数量(Item Quantity)，这些信息可以派生出订单总金额(Order Gross Amount)。

Steve Hoberman 的 *Data Modeling Made Simple* 一书更详细地

讨论了每种规范化级别，包括高于 3NF 的级别。规范化的主要目的是正确地把属性分配到合适的集合中。另外，规范化模型是根据数据的属性构建的，而不是根据数据的使用方式构建的。

维度数据模型是为了轻松回答特定的业务问题而构建的，NoSQL 模型是为了轻松回答查询和识别模式而构建的。关系数据模型是唯一一个关注数据的内在属性而不是用法的模型。

维度

维度数据模型的目标是收集业务流程背后的业务问题。问题的答案是指标，例如总销售额（Gross Sales Amount）和客户数量（Customer Count）等。

维度数据模型的唯一目的是方便用户高效地对度量值进行过滤、排序和求和等操作，也就是分析型应用程序。维度数据模型上的关系表示导航路径，而不是关系数据模型上的业务规则。维度数据模型的范围是一组相关的度量加上下文，这些度量和上下文一起解决某些业务流程。通常根据对业务流程中业务问题的评估来构建维度数据模型，具体做法是将业务问题解析为度量和查看这些度量的方式来创建模型。

例如，假设我们在银行工作，希望更好地了解手续费收取情况。在这种情况下，我们可能会问这样的业务问题："按账户类型（Account Type）（如支票或储蓄）、月份（Month）、客户类别（Customer Category）（如个人或公司）和分行（Branch）分组统计收到的手续费总额是多少？"请参阅图 30。在这个模型中，不仅可以在月(Month)度级别，而且可以在年(Year)度级别查看费用，不仅在分行(Branch)级别，而且在区域(Region)和地区(District)级别查看费用。

图 30　银行的维度视角 BTM

注：FEE GENERATION—收取手续费；CALENDAR—日历；YEAR—年；MONTH—月；CUSTOMER—客户；CATEGORY—类别；ACCOUNT—账户；TYPE—类型；ORGANI-ZATION—组织；BRANCH—分行；REGION—区域；DISTRICT—大区。

术语定义见表 10。

表 10　银行业务相关术语的定义

术　　语	定　　义
收取手续费	收取手续费是在业务流程中向客户收取费用以获得进行账户交易的特权，或根据时间间隔收取费用(如对每月余额较低的支票账户会收取账户费用)

（续）

术　语	定　义
分行	分行是一处开放营业的物理位置。客户访问分行进行交易
地区	地区是银行将一个国家划分为较小区域的内部定义，用于设置分行或报告等目的
大区	大区是用于组织分配或报告目的的地区分组。区通常会跨越国界，例如北美区和欧洲区
客户类别	客户类别是出于报告或组织目的对一个或多个客户进行的分组。包括个人、公司和联名
账户类型	账户类型是出于报告或组织目的对一个或多个账户进行的分组。包括支票账户、储蓄账户和经纪账户
年	年是一个时间段，包含 365 天，与公历一致
月	月是一年被划分成的 12 个命名时间段中的一个

诸如年（Year）和月（Month）等常见术语，编写定义时不重点讲解。但请确保这些定义确实是通常理解的术语，因为有时候即使是年（Year）也可以有多重含义，比如是指财年还是标准日历年。

收取手续费（Fee Generation）是一个计量数值的例子。计量数值代表我们需要测量的业务运行情况。计量数值对维度数据模型如此重要，以至于计量数值的名称通常是应用程序的名称：销售（Sales）表示的计量数值就是销售分析应用程序。大区（District）、地区（Region）和分行（Branch）代表可以在组织维度内导航的细节级别。维度是一个主题，其目的是为度量添加含义。例如，年（Year）和月（Month）代表可以在日历维度内导航到的细节级别。所以这个模型包含四个维度：组织（Organization）、日历

（Calendar）、客户（Customer）和账户（Account）。

假设某个组织构建了一个分析应用程序来回答有关业务流程执行情况的问题，例如销售分析应用程序。在这种情况下，业务问题变得非常重要，有必要构建一个维度数据模型。维度视角侧重于业务问题。可以在业务术语、逻辑和物理三个层次构建维度数据模型。图 30 所示为业务术语数据模型，图 31 所示为逻辑数据模型，图 32 所示为物理数据模型。

查询

假设某个组织构建一个应用程序，以发现有关业务流程的新内容，例如欺诈检测应用程序。在这种情况下，查询变得非常重要，因此构建查询视角的数据模型非常必要。

我们可以在业务术语、逻辑和物理三个层次上构建查询数据模型。图 33 所示为查询视角的业务术语数据模型，图 34 和图 35 所示为查询视角的逻辑数据模型，图 36 所示为查询视角的物理数据模型。

查询视角的业务术语数据模型看起来与其他视角的业务术语数据模型没有什么不同，因为词汇和范围与物理数据库实现无关。事实上，如果我们觉得这会增加价值，甚至可以为查询视角的业务术语数据模型中的每个关系询问参与性和存在性的问题。在上面的例子中：

- 客户（Customer）创建订单（Order）。
- 一个订单（Order）由多个订单项（Order Line）组成。
- 每个订单项（Order Line）有一个产品（Product）。

上面这些问题可以切换到不同实体的属性上。

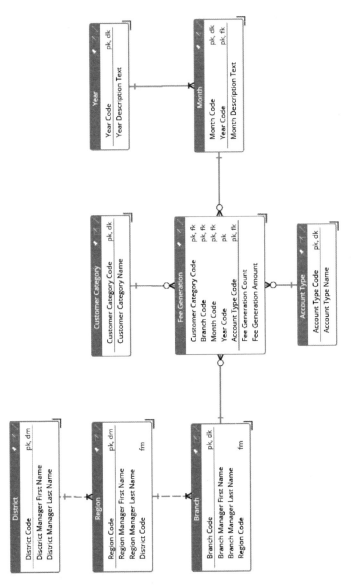

图 31 逻辑数据模型

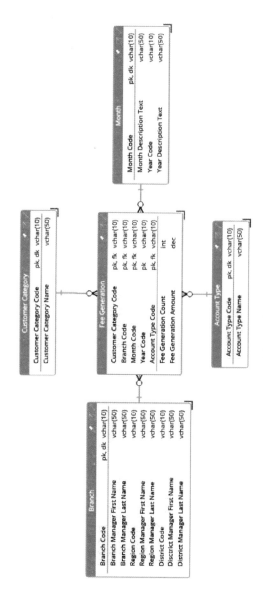

图 32　物理数据模型

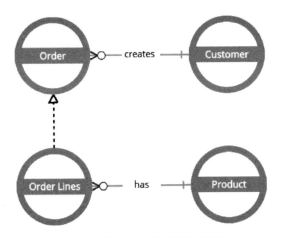

图 33 查询视角的业务术语数据模型

注：creates—产生；has—有。

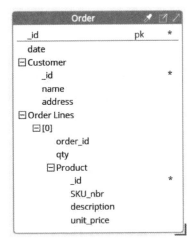

图 34 具有严格嵌入的 LDM（查询视角的逻辑数据模型）

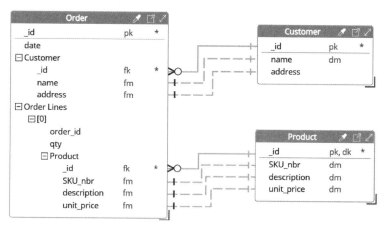

图 35　查询视角的逻辑数据模型

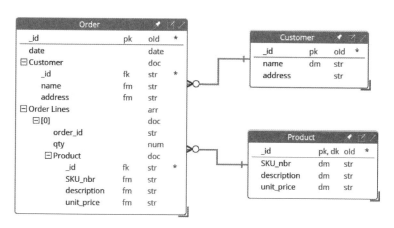

图 36　查询视角的物理数据模型

　　然而，在逻辑模型方面，访问模式和工作负载分析决定了最终模型。根据客户和产品的维护界面是否有查询功能，可以选择具有严格嵌入的逻辑数据模型（图 34），也可以选择图 35 中的模型。

第一个逻辑模型可以导出为 MongoDB 中的单个集合，而将其实例化为关系数据库的物理模型时，将自动规范化为三个表。

第二个逻辑模型可以导出为三个集合来适应客户（Customer）和产品（Product）的维护，但保持订单（Order）表作为聚合结合嵌入和引用模型设计模式。

在上述模型中，我们展示了嵌套、逆规范化和引用。嵌套允许信息以使人类易于理解的结构聚合在一起。通过逆规范化可以实现在一次查找中获取所有必要信息的检索订单查询，即使在客户和产品主数据中存在重复，也无须执行代价高昂的连接操作。无论订单如何，查看、更新客户和产品信息的访问是必要的。因此，保留客户和产品主数据集合。在订单集合中，保留对主文档的引用。由于数据库引擎中没有跨文档引用完整性，因此维护同步的责任转移到应用程序或离线流程（如 Kafka pub/sub 管道）。

最后，不更新逆规范化信息还有一个很好的理由。例如，已经完成订单的送货地址不应该因为客户搬到新地址而更新。只有未完成订单才应该更新。逆规范化有时比级联更新更精确。

第1章

对　齐

汪！

汪? 你汪什么汪?

　　本章介绍了数据建模的对齐阶段。解释了调整业务词汇的目的，介绍了"宠物之家"案例研究，并把对齐阶段的工作完整地介绍了一遍。在本章结尾给出了三个贴士和三个要点。

目标

对齐阶段旨在为特定项目在业务术语模型中收集通用业务词汇。

对于 NoSQL 模型，你可能会使用不同的名字来表达业务术语模型（Business Terms Model，BTM），例如查询对齐模型（Query Alignment Model）。我也喜欢这个名称，它更加具体地说明了 NoSQL BTM 的目的，我们的目标就是对查询建模。

"宠物之家"

"宠物之家"需要我们的帮助。他们现在在网站上宣传待领养的宠物。他们使用 Microsoft Access（简称 MS Access）关系数据库来跟踪动物，并每周在网站上发布这些数据。请参阅图 37 了解他们当前的流程。

图 37 "宠物之家"当前的业务架构

在动物通过一系列入院测试并被认定适合领养后，会为每只动物创建一个 MS Access 记录。小动物一旦做好领养准备，就称为宠物。

所有新增和已被领养的宠物信息，以每周一次的频率更新到"宠物之家"的网站上。

由于知道"宠物之家"的人不多，因此小动物通常在"宠物之家"的保留时间往往比全国平均水平要长得多。因此，他们希望与其他"宠物之家"合作，形成一个联盟，所有"宠物之家"的宠物信息都将出现在一个更受欢迎的网站上。"宠物之家"需要从当前的 MS Access 数据库中提取数据，并以 JSON 格式将其发送到联盟数据库。然后联盟将这些 JSON 数据加载到他们的 MongoDB 数据库和 Web 前端中。

现在让我们看看"宠物之家"当前的模型。

"宠物之家"构建了图 38 中的业务术语模型(BTM)来收集该项目的通用业务语言。

除了此图之外，BTM 还包含每个术语的精确定义，例如本章前面提到的宠物(Pet)定义：

宠物是通过了所有收养所需审查的狗、猫或鸟。例如，如果 Sparky 通过了所有身体和行为检查，我们会认为 Sparky 是一只宠物。但是，如果 Sparky 至少还有一项检查未通过，我们将把 Sparky 标记为待重新评估的动物。

"宠物之家"非常了解自己的业务，并且建立了相当可靠的模型。回想一下，他们通过 JSON 将数据发送给联盟，联盟的 MongoDB 数据库接收并加载这些数据以在其网站上显示。下面以联盟这个场景全面学习对齐、细化和设计的方法，然后致力于将

"宠物之家"数据从 MS Access 迁移到 MongoDB 所需的 JSON 结构设计。

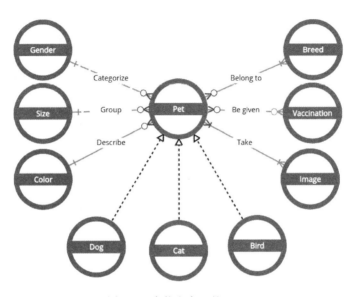

图 38 "宠物之家"的 BTM

方法

对齐阶段旨在开发出项目的通用业务词汇。开发步骤如图 39 所示。

在开始任何项目之前，我们必须提出六个重要问题（第 1步）。这些问题是所有项目成功的先决条件，因为它们可以确保我们为 BTM 选择正确的术语。接下来，识别项目范围内的所有术语（第 2 步）。确保每个术语都定义清晰完整。然后确定这些术语之间的关系(第 3 步)。通常, 在这一步需要返回到第 2 步, 因为在收集关系时, 你可能会想到新的术语。接下来, 确定对受众最有利的可视化效果(第 4 步)。考虑与那些需要查看和使用BTM 的人产生共鸣的视觉效果。最后一步, 审查和确认 BTM 的发布(第 5 步)。通常, 在第 5 步模型会有额外的更改, 我们会循环这些步骤直到模型被接受。

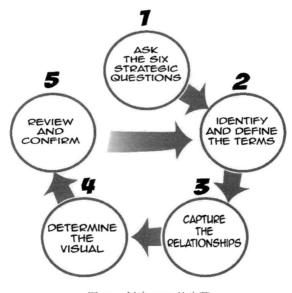

图 39　创建 BTM 的步骤

注: ASK THE SIX STRATEGIC QUESTIONS—提出六个重要问题; IDENTIFY AND DEFINE THE TERMS—识别和定义术语; CAPTURE THE RELATIONSHIPS—收集关系; DETERMINE THE VISUAL—确定可视化效果; REVIEW AND CONFIRM—审查和确认。

让我们按照这五个步骤构建一个 BTM。

第 1 步：提出六个重要问题

提出六个重要问题以确保获得有价值的 BTM。这些问题如图 40 所示。

1	我们的项目是什么？
2	灵活性还是简单性？
3	现在还是将来？
4	正向工程还是逆向工程？
5	运营、分析还是查询？
6	目标受众是谁？

图 40　确保模型成功的六个重要问题

1）我们的项目是什么？这个问题可以确保我们对项目足够了解，以确定范围。了解范围使我们能够决定哪些术语应出现在项目的 BTM 上。Eric Evans 在他的 *Domain-Driven Design* 一书中提出的"限界上下文"概念，就是关于理解和定义范围的。例如在"宠物之家"这个项目中，动物（Animal）、"宠物之家"员工（Shelter Employee）和宠物食品（Pet Food）等术语不在范围内，因为这一项目并不需要管理以上这些实体。

2）灵活性还是简单性？这个问题可以确保我们只在需要灵活性的情况下才引入通用术语。通用术语可以包容目前还不知道的新类型术语，还可以让我们更好地将类似的术语分组。例如，人员（Person）具有灵活性，而雇员（Employee）具有简单性。人员（Person）可以包含我们还没有考虑过的其他术语，如：领养人（Adopter）、兽医（Veterinarian）、志愿者（Volunteer）。但是，与雇员（Employee）相比，人员（Person）可能更让人难以理解。我们通常使用雇员（Employee）等词语来描述流程中的特定术语。

3）现在还是将来？这个问题可以确保我们为 BTM 选择了正确的时间视角。BTM 在一个时间点收集通用业务语言。如果我们打算收集今天如何工作或今天如何分析等业务流程方面的数据，那么我们需要确保术语及其定义和关系反映了当前（现在）的视角。如果我们打算收集业务流程在未来的某个时间（比如一年或三年后）如何工作或分析的数据，那么需要确保术语及其定义和关系反映了未来的视角。

4）正向工程还是逆向工程？这个问题可以确保我们为 BTM 选择最合适的"语言"。如果是业务需求驱动型的项目，那么属于正向工程工作，应选择业务语言。无论组织准备使用 SAP 还是 Siebel，BTM 都将包含业务术语。如果是应用程序研发推动型的项目，那么这属于逆向工程，应选择应用程序研发语言。如果应用程序使用对象（Object）来表示产品（Product），这个产品（Product）将在模型上显示为对象（Object），并根据应用程序定义该术语的方式进行定义，而不是根据业务定义该术语的方式。作为逆向工程的另一个示例，你的起点可能是某种物理数据结构，例如关系型表格数据、XML 或 JSON 文档。例如，以下 JSON 代码段展示了"宠物之家"志愿者（Shelter Volunteer）作为业务术语的重要性：

```
{
  "name": "John Smith",
  "age": 35,
  "address": {
    "street": "123 Main St",
    "city": "Anytown",
    "state": "CA",
    "zip": "12345"
  }
}
```

5）运营、分析还是查询？这个问题可以确保我们选择正确类型的 BTM——关系、维度或查询。每类项目都需要相应的 BTM。

6）目标受众是谁？我们需要知道谁来审核我们的模型（验证人）以及谁来使用我们的模型（用户）。

让我们通过"宠物之家"的案例，来展示这六个重要问题的梳理过程。

1. 我们的项目是什么

玛丽是"宠物之家"负责接收的志愿者。主要负责接收动物并为收养动物做准备的过程。她已经当了十多年的志愿者，是最初建立 MS Access 数据库的主要业务人员。

她对这个新项目非常热心，认为这样可以让小动物以更短的时间被领养。我们可以从采访玛丽开始，其目标是对项目有一个清晰的理解，包括范围如下。

你：谢谢您抽出时间与我见面。这只是我们的第一次会面，我不想占用您太多的时间，所以让我们直接进入采访主题，然后是一些问题。如果越早确定范围，然后定义范围内术语的成功机会就越大。您能否与我分享更多关于这个项目的信息？

玛丽：当然！我们项目的主要驱动力就是让小可爱们尽快被领养。如今，宠物们平均被领养周期是两个星期。我们和本地其他的小型"宠物之家"希望将这个时间缩短到平均 5 天，甚至更少，希望如此。我们要将宠物数据发送给与本地其他"宠物之家"组成的联盟，以汇总我们的列表并触及更广泛的受众。

你：您有所有类型的宠物，还是只有狗和猫？

玛丽：我不确定除狗和猫外其他"宠物之家"有什么样的宠物，但我们也有鸟类等待被领养。

你：好的，有没有需要从这个项目中排除的宠物？

玛丽：嗯，一只动物需要几天时间进行评估才能被视为符合领养条件。我们会进行一些检查，有时还要做手术。当一只动物完成了这些流程并准备好被领养时，我喜欢使用宠物这个词。所以我们确实有还不是宠物的动物。但在这个项目中只包含宠物。

你：明白了。当有人想要查找一个小可爱时，他们会怎么筛选呢？

玛丽：我也与其他"宠物之家"的志愿者进行了交谈。大家觉得在首先筛选宠物类型（如狗、猫或鸟）之后，按品种、性别、颜色和体型进行过滤将是最重要的。

你：当点击由过滤器选择返回的宠物描述时，人们会期望看到什么样的信息？

玛丽：大量的照片，一个可爱的名字，可能还有宠物颜色或品种的信息，经过排序的。

你：有道理。人呢？在这个方案中，人重要吗？

玛丽：什么意思？

你：嗯，弃养宠物的人和领养宠物的人。

玛丽：对，对。我们会跟踪这些信息。顺便说一句，我们把送来动物的人称为弃养者（Surrenderer），领养宠物的人称为领养者（Adopter）。我们不会向联盟发送任何个人详细信息。我们认为它不相关，也不想因隐私问题而被起诉。斑点狗不会起诉我们，但弃养者鲍勃可能会。

你：我理解了。嗯，我想我理解这个项目的范围了，谢谢您。

现在我们对项目的范围有了很好的理解。它包括所有宠物（不是所有动物），不包括人。随着术语的细化，我们可能会围绕方案范围向玛丽提出更多问题。

2. 灵活性还是简单性

让我们继续采访接下来的问题。

你：灵活性还是简单性？

玛丽：我不明白您这个问题。

你：我们需要确定是使用通用术语还是使用更具体的术语。使用通用术语，如使用哺乳动物而不是狗或猫，可以让我们以后容纳新的术语，比如其他种类的哺乳动物，如猴子或鲸鱼。

玛丽：这个月我们没有鲸鱼等着被领养。[笑]

你：哈哈！

玛丽：灵活性似乎很吸引人，但我们不应该过于灵活。因为最终可能会有其他种类的宠物，所以保留一定程度的灵活性是必要的，但不要太多。我还记得在 MS Access 系统上工作的时候，有人试图让我们使用参与者（Party）的概念来表示狗和猫。对我们来说要理解这一点太难了。如果你明白我的意思的话，参与者一词太笼统了。

你：我知道您的意思。好的，有一些灵活性可以容纳不同种类的宠物即可，但不要过于灵活。我明白了。

3. 现在还是将来

现在进入下一个问题。

你：您希望我们的模型应该反映"宠物之家"现在的情况，还是在联盟的应用程序上线后成为其他样子？

玛丽：我觉得这不是问题。我们在新系统中没有改变任何东西。宠物还是宠物。

你：好的，这样就简单多了。

正如我们从前三个问题所看到的，访谈中很少能直接轻易地得到答案。显然，在方案开始时提出这些问题要比按照假设开工然后在变更后返工更有效率。

4. 正向工程还是逆向工程

由于首先需要在实现软件解决方案之前理解业务的运作方式，因此这是一个正向工程项目，我们采取正向工程选项。这意味着由需求驱动，因此我们的术语都是业务术语，而非应用程序术语。

5. 运营、分析还是查询

这个方案是关于展示宠物信息以推动宠物领养，这是典型的查询，我们将构建查询视角的 BTM。

6. 目标受众是谁

也就是说，谁会来验证模型并在未来使用这些模型？玛丽似乎是最佳的验证候选人。她非常了解现有的应用程序和流程，并致力于确保新方案取得成功。潜在的领养者将是系统的用户。

第 2 步：识别和定义术语

首先需要关注用户故事，然后确定每个故事的详细查询，最后按故事发生顺序排列这些查询。这个过程可以是迭代的。例如，我们可能在两个查询之间识别顺序，并意识到用户故事中需要修改或添加的查询。让我们逐步完成这三个步骤。

1. 写下用户故事

用户故事已经存在很长时间了，这个工具对于 NoSQL 建模非常有用。维基百科将用户故事定义为：对软件系统功能非正式的、自然语言的描述。

用户故事为 BTM（也称为查询对齐模型）提供了范围和概述。查询对齐模型适用于一个或多个用户故事。用户故事是一个高级别方法，用于收集能提供业务价值的方案需求。用户故事采用图 41 所示的故事模板。

以下是来自 tech. gsa. gov 的一些用户故事示例：

- 作为内容所有者，我希望能够创建产品内容，以便向客户提供信息并推销。
- 作为编辑，我希望在发布内容之前对其进行审核，以确保待发布的内容使用了正确的语法和语气。

模板	涵盖内容
作为（利益相关者）	谁
我希望（需求）	什么
以便（动机）	为什么

图 41　用户故事模板

● 作为人力资源经理，我需要查看候选人的状态，以便我可以在招聘各个阶段管理他们的申请流程。

● 作为营销数据分析师，我需要运行 Salesforce 和谷歌分析报告，以便我可以制定每月的媒体运营计划。

为了使"宠物之家"示例相对简单，假设我们的"宠物之家"和联盟的其他"宠物之家"开会并确定最受欢迎的用户故事如下：

1）作为潜在的宠物狗领养者，我希望按照特定的品种、颜色、体型和性别检索，找到我喜欢类型的小狗。还要确保待领养的狗接种过最新的疫苗。

2）作为潜在的鸟类领养者，我希望按照特定的品种和颜色检索，找到我想要的类型的小鸟。

3）作为潜在的猫领养者，我希望按照特定的颜色和性别检索，找到我想要的类型的猫。

2. 收集查询

接下来，我们在项目范围内收集用户故事的查询要求。虽然我们希望收集更多的用户故事以确保范围准确，但是对于 NoSQL 应用程序，单个用户故事驱动就足够了。查询以"动词"开头，是执行某项操作的动作。某些 NoSQL 数据库供应商使用"访问模式"而不是"查询"。我们使用的"查询"一词也包含了"访问模式"的含义。

以下是满足三个用户故事的查询。

Q1：仅显示供领养的宠物。

Q2：搜索接种了最新疫苗的特定品种、颜色、体型和性别的可领养的狗。

Q3：按品种和颜色搜索可领养的鸟类。

Q4：按颜色和性别搜索可领养的猫。

现在我们有了方向，可以与业务专家合作识别和定义项目范围内的术语了。

回想一下，我们将术语定义为表示业务数据集合的名词，并且应该是对特定方案的受众既基本又至关重要的名称。一个术语应该是以下六个类别中的一种：谁、什么、何时、哪里、为什么或如何。可以使用这六个类别来创建一个术语模板，以便在 BTM 上收集术语。请参阅图 42。

这个模板是个非常方便的头脑风暴工具。注意，在每一列中添加序号是没有意义的。因为，1 号术语并不意味着比 2 号术语

更重要，所以每一列中都不需要标注序号。此外，在某些列中有
多个术语，在某些列中可能没有术语。

谁?	什么?	何时?	哪里?	为什么?	如何?

图 42　术语模板

我们再次与玛丽见面，基于查询需求完成了模板填写，如
图 43 所示。

请注意，这是一个头脑风暴会议，模板上可能出现一些不在
关系 BTM 上出现的术语。以下三类术语应该被排除：

● **过于详细**。实体的属性应出现在 LDM 上而不是 BTM 上。
例如，接种日期（Vaccination Date）相比宠物（Pet）和品种（Breed）
更详细。

● **超出范围**。头脑风暴是测试方案范围的好方法。通常，
添加到术语模板中的术语需要进行额外的讨论，以确定它们是否
在项目范围内。例如，我们知道弃养者（Surrenderer）和收养者
（Adopter）就超出了"宠物之家"项目的范围。

谁?	什么?	何时?	哪里?	为什么?	如何?
弃养者	宠物	打疫苗	板条箱	疫苗	打疫苗
领养者	狗	日期		领养	领养
	猫			促销	促销
	鸟				
	品种				
	性别				
	颜色				
	体型				
	图像				

图 43 "宠物之家"最初的模板

- **冗余**。为什么(Why)和如何(How)两类问题通常非常相似。例如，接种(Vaccinate)事件信息记录在实体接种(Vaccination)中。领养(Adopt)事件信息记录在实体领养(Adoption)中。因此，事件和记录无须重复。在这种情况下，我们选择记录。也就是说，选择"如何"而不是"为什么"。

午餐休息后，我们再次与玛丽见面，并细化了术语模板，如图 44 所示。

在头脑风暴会议上，我们可能会有非常多的问题。能多提问是非常好的，提问有如下三个好处：

谁?	什么?	何时?	哪里?	为什么?	如何?
~~弃养者~~ ~~领养者~~	宠物 狗 猫 鸟 品种 性别 颜色 体型 图像	~~接种日期~~	~~板条箱~~	~~接种~~ ~~领养~~ ~~促销~~	~~接种~~ ~~领养~~ ~~促销~~

图 44　"宠物之家"的细化模板

- **逐步清晰**。探索出一组精确术语，并达到多方满意的水平。寻找定义中存在的漏洞和有歧义的地方，并提出问题，这些问题的答案将使定义更精确。例如，"一只宠物可以属于多个品种吗?"这个问题的答案将完善联盟对宠物、品种及其关系的看法。熟练的"侦探"会保持务实的态度，注意避免"分析瘫痪"。同样，熟练的数据建模师也必须务实，以确保为项目团队提供价值。

- **揭示隐藏的术语**。问题的答案通常可以探索出 BTM 上原本会错过的更多术语。例如，更好地理解接种(Vaccination)和宠物(Pet)之间的关系可能发现 BTM 上还应该存在更多术语。

- **宜早不宜迟**。最终的 BTM 隐藏着巨大的价值，但获得最终模型的过程也很有价值。辩论和问题会挑战人们的思维，引发人们的反思，在某些情况下，让他们为自己的观点辩护。如果在构建 BTM 的过程中没有提出和回答问题，这些关于数据和流程的奇怪问题将会在项目生命周期的后期被提出，并亟待解决。而这时的更改会很费时费钱。即使像"我们还可以使用哪些属性来描述宠物？"这样简单的问题也可能引发坦率真诚的意见交换，从而在设计之初就得到更精确的 BTM。

以下是每个术语的定义（见表 11）：

表 11 "宠物之家"项目中的术语及其定义

术　语	定　义
宠物 Pet	一只准备好可以被收养的狗、猫或鸟。动物在通过"宠物之家"工作人员的某些检查后成为宠物
性别 Gender	宠物的生物性别。"宠物之家"中使用三个值： ● 雄性 ● 雌性 ● 未知 如果不确定性别，则为未知
体型 Size	这个值主要和狗相关，"宠物之家"中使用三个值： ● 小型 ● 中型 ● 大型 猫和鸟分配为中型，小奶猫分配为小型，鹦鹉分配为大型
颜色 Color	宠物的毛、羽毛或皮毛的主要颜色。颜色的示例包括棕色、红色、金色、奶油色和黑色。如果宠物有多种颜色，要么指定一种主要颜色，要么指定一个更通用的名称来包含多种颜色，例如纹理、斑点或补丁
品种 Breed	来自维基百科的这个定义适用于我们的方案： 品种是指具有同质外观、同质行为和/或可将其与同种其他生物区分开特征的特定驯养动物组

（续）

术　　语	定　　义
疫苗接种 Vaccination	为宠物接种疫苗，以保护其免受疾病侵害。疫苗的例子有狗和猫的狂犬病疫苗，以及鸟的多角病毒疫苗
图像 Image	为在网站上发布而拍摄的宠物照片
狗 Dog	来自维基百科的这个定义适用于我们的方案： 狗是狼的驯化后代。也称为家犬，它源自已灭绝的更新世狼，现代狼是狗最近的活体亲缘关系。1.5 万年前，在农业发展之前，狗是第一种被狩猎采集者驯化的物种
猫 Cat	来自维基百科的这个定义适用于我们的方案： 猫是一种小型食肉目驯养哺乳动物。它是食肉目猫科中唯一的驯养种，通常称为家猫，以区别于该科的野生成员
鸟 Bird	来自维基百科的这个定义适用于我们的方案： 鸟是鸟类纲的温血脊椎动物，以羽毛、无齿喙状颌、硬壳蛋、高代谢率、四腔心和强而轻的骨骼为特征

第 3 步：收集关系

尽管这是一个查询视角的 BTM，但我们可以通过询问参与性和存在性问题来精确识别每个关系的业务规则。参与性问题确定关系线上每个术语旁边是一还是多的符号。存在性问题确定关系线上任一术语旁边是零（may）还是一（must）的符号。

通过与玛丽合作访谈，我们在模型上标识了这些关系：

- 宠物（Pet）可以是鸟（Bird）、猫（Cat）或狗（Dog）。（子类型）
- 宠物（Pet）和图像（Image）。
- 宠物（Pet）和品种（Breed）。
- 宠物（Pet）和性别（Gender）。

- 宠物(Pet)和颜色(Color)。
- 宠物(Pet)和疫苗接种(Vaccination)。
- 宠物(Pet)和体型(Size)。

表12 包含了如上每种关系的参与性和存在性问题的答案。

表 12 参与性和存在性问题的答案

问　　题	是	否
性别可以用来分类多只宠物吗?	√	
一只宠物可以归属于多个性别分类吗?		√
性别可以在没有宠物的情况下存在吗?	√	
宠物可以在没有确定性别的情况下存在吗?		√
体型可以对多只宠物进行分组吗?	√	
一只宠物可以归属于多个体型分组吗?		√
体型可以在没有宠物的情况下存在吗?	√	
宠物可以在没有确定体型的情况下存在吗?		√
颜色可以描述多只宠物吗?	√	
一只宠物可以被多种颜色描述吗?		√
颜色可以在没有宠物的情况下存在吗?	√	
宠物可以在没有标明颜色的情况下存在吗?		√
一只宠物可以属于多个品种吗?	√	
一个品种可以包含多只宠物吗?	√	
宠物可以在没有标明品种的情况下存在吗?		√
品种可以在没有任何宠物的情况下存在吗?	√	
一只宠物可以接种多种疫苗吗?	√	
一次疫苗接种可以给多只宠物接种吗?	√	
宠物可以在没有接种疫苗的情况下存在吗?	√	
疫苗可以在没有宠物接种的情况下存在吗?	√	

（续）

问　题	是	否
一只宠物可以拍摄多张图像吗？	√	
一张图像可以拍摄多只宠物吗？	√	
宠物可以在没有图像的情况下存在吗？		√
图像可以在没有宠物的情况下存在吗？		√

在将每个问题的答案翻译成模型后，我们得到了"宠物之家"的 BTM，如图 45 所示。

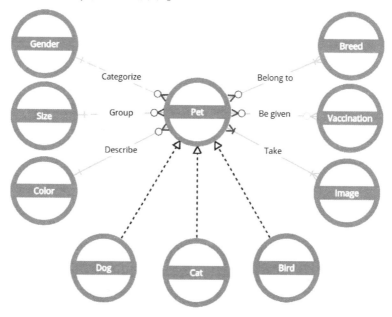

图 45　"宠物之家" BTM（显示了规则）

这些关系可以解读为：

- 每个性别(Gender)下可以有许多宠物(Pet)。
- 每只宠物(Pet)必须被分类到一个性别(Gender)。
- 每个体型(Size)下可以有许多宠物(Pet)。
- 每只宠物(Pet)必须被分组为一个体型(Size)。
- 每种颜色(Color)可以描述许多宠物(Pet)。
- 每只宠物(Pet)必须被指明为一种颜色(Color)。
- 每只宠物(Pet)必须属于多个品种(Breed)。
- 每个品种(Breed)可以包含多只宠物(Pet)。
- 每只宠物(Pet)可以进行多次疫苗接种(Vaccination)。
- 每次疫苗接种(Vaccination)可以给多只宠物(Pet)接种。
- 每只宠物(Pet)必须拍摄多张图像(Image)。
- 每张图像(Image)必须拍摄多只宠物(Pet)。
- 每只宠物(Pet)可以是狗(Dog)、猫(Cat)或鸟(Bird)的一种。
- 狗(Dog)是一种宠物(Pet)。猫(Cat)是一种宠物(Pet)。鸟(Bird)是一种宠物(Pet)。

参与性和存在性问题的答案取决于上下文。也就是说,方案的范围确定了答案。在这种情况下,本次方案的范围是"宠物之家"业务的子集,将作为这个联盟项目的一部分,我们现在必须知道宠物(Pet)只能用一种颜色(Color)来描述。

尽管我们已经确定使用 MongoDB 数据库来处理以上这些查询,但还是应该看到传统的数据模型方法在提出正确问题方面提供的价值,它提供了一个强大的沟通媒介,显示了术语及其业务规则。即使我们的解决方案没有打算在关系数据库中实现,这个BTM 也提供了很多价值。

　　如果你体会到了这个过程的价值，那么即使你打算采用 MongoDB 之类的 NoSQL 数据库解决方案，也要构建关系数据模型。也就是说，如果你觉得以精确的方式解释术语及其业务规则有价值，请构建关系 BTM。如果你觉得使用规范化将属性组织成集合有价值，请构建关系 LDM。这有助于梳理你的思路，并提供一种非常有效的交流工具。

　　当然，我们的最终目标是创建一个 MongoDB 数据库。因此，需要一个查询 BTM。所以我们需要确定运行查询的顺序。

　　可以通过绘制查询顺序图来生成查询 BTM。查询 BTM 是交付项目范围内用户故事所需的所有查询的编号列表。该模型还显示查询之间的顺序或依赖关系。前面 4 个查询的查询 BTM 看起来如图 46 所示。

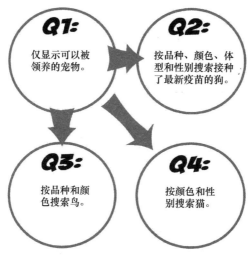

图 46　"宠物之家" BTM (显示查询)

所有查询都取决于第一个查询。也就是说，首先需要按动物类型过滤。

第4步：确定可视化效果

构建好的模型需要有人审查，并将模型用作后续交付成果（如软件开发）的输入，因此决定使用哪种可视化效果是一项重要工作。通过战略性问题4"我们的受众是谁?"的答案，我们知道玛丽是合适的验证者。

有许多不同的方法可以用于展示 BTM。选择因素包括受众的技术能力和现有的工具环境。

所以，了解组织当前使用哪些数据建模表示法和数据建模工具会很有帮助。如果受众熟悉特定的数据建模表示法——例如在本书中一直在使用的信息工程（IE）——那么这就是我们应该使用的符号。如果受众熟悉特定的数据建模工具，例如 IDERA 的 ER/Studio、erwin DM 或 Hackolade Studio，并且该数据建模工具使用其他不同的表示法，我们就应该使用该工具及其表示法来创建 BTM。

幸运的是，我们创建的两个 BTM，一个用于规则，另一个用于查询，都是非常直观的，所以我们的模型很容易被受众理解。

第5步：审查和确认

之前我们确定了负责验证模型的个人或小组，现在需要向他们展示模型，以确保模型是正确的。通常，在这一阶段审查模型后，会进行一些更改，然后再次向他们展示模型。这种迭代周期会一直持续，直到验证者批准为止。

三个贴士

1）**组织**。构建"模型"的步骤，与构建其他任何模型的步骤相同。这些都是关于组织的信息。数据建模人员是了不起的组织者。我们创建了强大的交流工具，以精确的形式表达了混乱的现实世界。

2）**80/20 法则**。不要追求完美。太多需求会议花费大量的时间讨论某个特定细节问题，导致会议没有实现目标就结束了。在讨论几分钟后，如果觉得问题的讨论可能会占用太多时间并没有得到解决，请记录下该问题并继续下一个话题。你会发现，为了与敏捷或其他迭代方法很好地协作，可能必须放弃完美主义。更好的方法是记录未回答问题，然后继续前进。相比什么都没有，交付不完美但仍然非常有价值的东西要好得多。你会发现，在 20% 的时间内可以完成 80% 的数据建模工作。交付成果应该包含一个未回答问题和未解决问题的文档。要想所有这些问题都得到解决，需要约 80% 的时间，模型才能100% 完成。

3）**要善于交际**。正如肯特（William Kent）在 *Data and Reality*（1978 年）中所说：所以，一再强调，如果我们要建设一个关于图书的数据库，在我们能知道一个人讲的到底是什么意思之前，最好在所有用户之间就"图书"达成共识。在构建解决方案之前，一定要花时间努力就术语达成共识。想象一下有人在不清楚宠物的定义的情况下查询宠物吧！

三个要点

1）在开始任何项目之前，必须提出六个重要问题（第 1 步）。这些问题是任何项目成功的先决条件，因为它们可以确保我们为 BTM 选择正确的术语。接下来，识别项目范围内的所有术语（第 2 步）。确保每个术语的定义都清晰完整。然后确定这些术语之间的关系（第 3 步）。通常，在这一步你需要返回到第 2 步，因为在收集关系时可能会想到新的术语。接下来，确定对受众最有利的可视化效果（第 4 步）。考虑那些需要查看和使用这个 BTM 的人最认可的视觉效果。最后一步，寻求 BTM 的批准（第 5 步）。通常，在这一点上，模型会有额外的更改，我们会循环执行这些步骤直到模型被接受。

2）如果觉得收集和解释参与性和存在性规则有价值，除了查询 BTM 之外，还可创建关系 BTM。

3）永远不要低估精确和完整定义的价值。

第2章

细　化

哈，你想让我扔棍子。这是汪的意思。

是啊，当然。

　　本章将继续介绍数据建模的细化阶段。我们解释了细化的目的，细化了"宠物之家"案例研究的模型，把细化阶段的工作完整地过了一遍，并在本章结尾给出了三个贴士和三个要点。

目标

细化阶段的目标是基于在对齐阶段定义的通用业务词汇，创建逻辑数据模型(LDM)。细化是模型人员在不用考虑复杂的实现因素(如软件和硬件)情况下获取业务需求的方式。

"宠物之家"的逻辑数据模型(LDM)使用 BTM 中的通用业务语言来精确定义业务需求。LDM 是经过充分的属性补充，但独立于技术实现的模型。我们通过在第 1 章中介绍的规范化来构建关系 LDM。图 47 包含了"宠物之家"的关系 LDM。

这个模型可以适应任何需求，而无须变更。因此，可以将该模型用作所有查询的起点。让我们简要浏览下该模型。"宠物之家"使用宠物编号(Pet Number)识别每只宠物(Pet)，这是一个在宠物(Pet)到达当天分配给该宠物(Pet)的唯一标识。此时还会录入宠物的名称(Pet Name)和年龄(Pet Age)。如果宠物没有名字，它会被录入"宠物之家"员工给予的一个名字。如果不清楚年龄，则由输入宠物信息的"宠物之家"员工推测。如果宠物(Pet)是一条狗(Dog)，输入信息的"宠物之家"员工会进行一些其他评估，以确定狗是否能与儿童相处良好(Dog Good With Children Indicator)。如果宠物(Pet)是一只猫(Cat)，"宠物之家"员工会确定这只猫(Cat)是否已剪指甲(Cat Declawed Indicator)。如果宠物(Pet)是一只鸟(Bird)，"宠物之家"员工会录入其是否为鹦鹉等外国鸟类(Bird Exotic Indicator)。

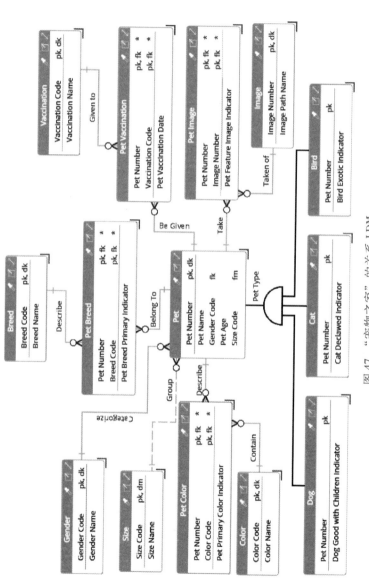

图 47 "宠物之家" 的关系 LDM

方法

细化阶段完全是关于确定方案业务需求的工作。最终目标是一个逻辑数据模型，它捕获了回答各种查询所需的属性和关系。具体步骤如图 48 所示。

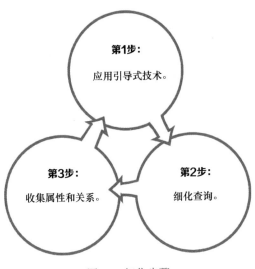

图 48　细化步骤

传统的逻辑数据建模阶段需要明确更加细节的结构信息，与此相类似，我们也要在细化阶段明确交付查询所需的更详细结构。因此，如果你愿意，可以将查询 LDM 称为查询细化模型。查询细化模型完全是关于探索和收集揭示业务流程见解的查询答案。

第 1 步: 应用引导式技术

在此过程中,建模人员与业务利益相关者互动以识别回答查询所需的属性和关系。通常,这是一个持续完善的过程,直到时间不再允许。可以使用的技术包括访谈、遗留文档分析(研究现有或拟议的业务或技术文档)、工作观察(观察某些人工作)和原型开发。可以使用这些技术的任意组合来获取回答查询所需的属性和关系。这些技术通常是在敏捷框架内使用。你可以根据初衷和利益相关者的需求选择使用哪些技术。例如,如果利益相关者说"我不知道我想要什么,但当我看到时就会知道是不是我要的",那么构建原型可能是最佳方法。

1. 分析工作负载

识别、量化和限定工作负载是建模练习的一个重要部分。

你需要识别出每一个读或写操作,以了解读写操作比率。制作所有 CRUD(创建、读取、更新和删除)操作的列表,花时间绘制屏幕和报告的线框,并汇编整理为工作流程图。思考上述内容并与业务专家进行验证,这个过程一定还会发现一些以前可能忽略的事实。

对于写操作,需要知道保留数据的时间、向系统传输数据的频率、平均文档大小、保留期限和持久性要求。从最关键的操作开始设计,然后按照列表逐一开展练习。

对于读操作,还要记录数据的模式和所需新鲜度,同时考虑最终一致性和读延迟。数据新鲜度与从辅助节点读取的复制时间相关,或者与从其他数据片段派生的数据片段(例如,计算模式)的可接受时间相关。新鲜度定义了必须以多快的节奏写数据才能满足读操作的访问要求:是立即(数据始终保持一致),还是 10ms、1s、1min、1h 或 1d 内等。例如,文件中缓存的与产品相关的评论信息,其可容忍的新鲜度为 1 天。读延迟以毫秒为单位,其中 p95 和 p99 表示 95% 和 99% 的延迟(100ms 的 p95 读延迟值意味着 100 个请求中有 95 个请求在 100ms 内处理完成)。

这些信息有助于选择合适的设计模式(稍后在书中描述),指导创建必要的索引,并影响硬件的大小和配置,从而影响项目的预算。不同的数据建模模式对读性能、写操作数量、索引成本等的影响各不相同。因此,建模人员可能必须做出妥协并权衡某些相互矛盾的需求。

可以使用电子表格或任何其他方法基于图 49 中的示例来记录工作负载分析的结果,该示例内置于 Hackolade Studio for MongoDB 中。在生命周期后期的模式演化阶段,可以回顾查看最初记录的值,要记录下具体查询谓词应检索哪些文档的特定表达式和参数,因为现实情况可能与最初的估算值差异非常大。图 49 中的其他一些参数,也有必要说明一下。

MongoDB 为写操作提供了不同级别的持久性选项(Durability)。这些选项控制数据写入磁盘的方式以及从数据库收到的确认级别。

- **majority**:只有当写操作成功地写入多数副本节点时,才会确认写操作,可以将写控制(write concern)配置为 w:majority。
- **one node**:写操作一旦成功地写入一个副本节点就会被确认,可以将写控制(write concern)配置为 w:1。
- **fire and forget**:MongoDB 在将写操作发送到服务器后不

等待任何确认，可以将写控制（write concern）配置为 w:0。

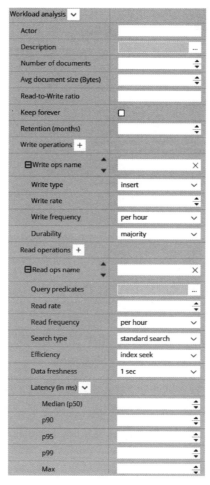

图 49　工作负载分析数据截屏

搜索类型（Search type）是为了提高查询性能而定义的索引类型。

- **standard search**：采用此值，根据文档中的一个或多个字段进行查询，结果在聚合管道中组合。
- **geospatial query**：允许根据文档地理位置或与特定点的接近程度对文档进行高效检索，适用于基于地理位置的搜索或地理空间分析的应用程序。
- **text search**：在需要基于海量文本数据进行高效和相关性搜索时，启用基于文本字段的搜索。
- **lucene search**：MongoDB Atlas 提供了这种无缝、可扩展的搜索能力，可以构建具有复杂搜索功能的应用程序。

文档的结构和集合索引的定义也直接影响查询的效率。下面按效率从高到低的顺序说明。

- **覆盖查询**（covered query）：索引包含所有查询字段和查询所需的数据，无须从集合本身获取文档。
- **索引查找**（index seek）：索引基于指定的查询条件快速定位和检索特定文档，最大限度地减少扫描的文档数量。
- **索引扫描**（index scan）：根据查询谓词聚焦于查找特定文档或一系列文档，有效地缩小了搜索范围。
- **集合扫描**（collection scan）：这种模式应用于无法使用索引有效过滤或定位所需数据的情况，特别是对于包含大量文档的大型集合，这种模式耗费大量资源和时间。

2. 量化关系

在实体关系图中，我们将关系的基数限定为 0、1 和多几种。这种情况很长一段时间以来都是合适的，然而，世界已经改变了。数据集比几年前大了若干个数量级。如果不理解关系的

"多"侧(many)可能包含几千或上百万个对象,并试图嵌入、拉取或连接操作,那么大多数应用程序都无法很好地处理这些情况。因为这种巨大的关系比以前更频繁,再次建议不只用"多"来量化它们,而是用实际数字来量化它们。例如,不使用[0,M]来说一个对象可以链接到零到多个对象,而应该尽可能量化这些数字。例如,一个产品可能有[0,1000]条评论。这更能说明问题。写下 1000 会让我们考虑分页,并在产品达到最大值时限制产品的评论数。

为了增强对关系的了解,可以添加一个可选的"最有可能"或"中位数"值。例如,[0,20,1000]提供了更具描述性的信息,告诉我们产品可能有 0~1000 条评论,中值为 20。如果我们使用 Hackolade Studio 创建模型,则可以使用图 50 所示的基数对文档中的数组进行建模。

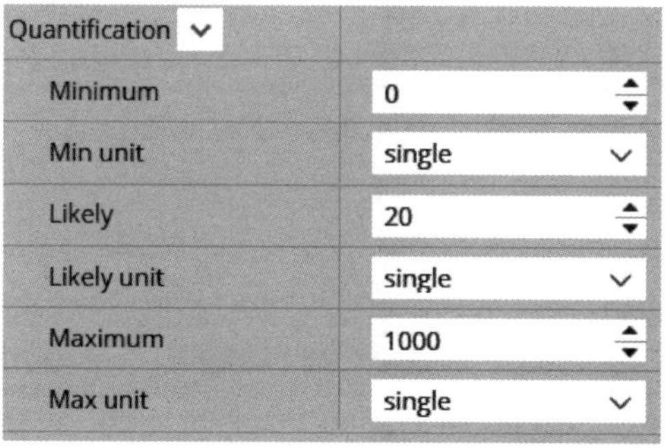

图 50　基数

是的,我们会弄错这些数据,尤其在开始阶段。然而,数量级应该是正确的。如果数量级搞错了,那就意味着应该审查模型。也许某段信息不应该采用嵌入,而应替换为引用方式。

第 2 步：细化查询

细化是一个迭代的过程，我们通常会一直重复细化过程，直到时间不再允许。

第 3 步：收集属性和关系

理想情况下，由于文档（和键值）数据库的分层特性，我们应该努力采用单个结构来回答一个或多个查询。尽管这似乎有点不符合"规范化"原则，但相对连接多个结构，针对单一结构的查询要快得多、简单得多。逻辑数据模型中包含查询细化模型中每个查询所需的属性和相关结构。

使用历史文档分析，我们可以从"宠物之家"的逻辑数据模型开始，并将这个模型用作收集项目范围内的属性和关系的好方法。基于查询需求，相当多的概念对于搜索或筛选来说并不直接相关，因此它们可以成为宠物（Pet）实体上的附加描述性属性。

例如，没有哪一个关键查询涉及疫苗接种这个条件。因此，我们可以将图 51 中的模型子集逆规范化为图 52 中的模型。

图 51　规范化的模型子集

这个例子说明了传统 RDBMS 模型与 NoSQL 的不同之处。在最初的逻辑模型中表达出如下的逻辑很重要：一只宠物（Pet）可以

接受多次疫苗接种（Vaccination），
一种疫苗（Vaccination）可以给许
多宠物（Pet）接种。然而，在 No-
SQL 中，由于没有通过疫苗接种
进行筛选或搜索的查询需求，疫
苗接种属性只是宠物（Pet）的附
加描述性属性。疫苗代码（Vacci-
nation Code）和疫苗名称（Vaccina-
tion Name）属性是宠物（Pet）中的

图 52　逆规范化的模型子集

嵌套数组。例如，如果一只斑点狗接种过 5 次疫苗，它们都将在
该斑点狗的记录（即 MongoDB 文档）中列出。按照相同的逻辑，
宠物的颜色和图像也变成嵌套数组，如图 53 所示。

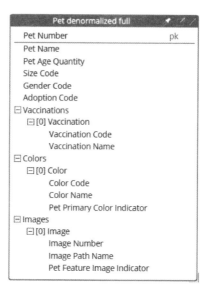

图 53　为颜色和图像添加嵌套数组

此外，为了方便查询，我们需要创建一个宠物类型（Pet Type）结构，来代替狗（Dog）、猫（Cat）和鸟（Bird）等子类型。确定可供领养的宠物后，我们需要区分这只宠物（Pet）是狗（Dog）、猫（Cat）还是鸟（Bird）。现在我们的模型看起来如图 54 所示。

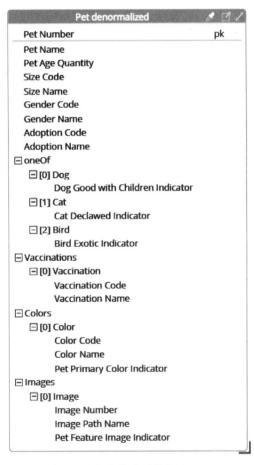

图 54　具有宠物类型的完整 LDM

除了前面介绍的逆规范化之外，这个例子还说明了 MongoDB
文档模型的多态性，它可以替代关系数据库的继承表。这种单一
模式除了描述和验证了公共结构之外，还包括了狗、猫和鸟等不
同的文档类型。此处关系子类型是实现多个子模式的一种选择。

关系数据模型中出现的关联表在这里被子对象数组替换，数
组数据类型可以是有序列表。

三个贴士

1) **访问模式**。在创建 LDM 时，要想充分利用 NoSQL 的优
势，基于查询驱动的方法至关重要。除非工作负载分析揭示了必
要的规范化，否则不要受到传统的规范化习惯诱惑。

2) **聚合**。将逻辑上需要同时使用的内容保存在一起。在单个
文档中的嵌套结构可以确保插入、更新和查询的原子性及一致
性，且无须进行代价高昂的连接操作。这种方式对于习惯面对对
象的开发人员也很有好处，并且也更直观。

3) **相比规范化，逆规范化的做法实现起来更简单**。如果包含
了超类型/子类型或连接表，一个规范化的 LDM 就不再是技术无
关的。或者，只有实现目标仅包括关系数据库而不包括 NoSQL 时，
这个 LDM 才可以说真正是"与技术无关的"。另一方面，通过好的
数据建模工具，可以根据前面识别的访问模式轻松提供逆规范化
的结构，同时把逆规范化的逻辑模型轻松地转换为规范化的模型。

三个要点

1) 细化阶段的目标是基于对齐阶段定义的通用业务词汇创建

逻辑数据模型（LDM）。细化是建模人员在不用考虑软硬件实现等复杂因素的情况下收集业务需求的方式。

2）LDM 通常是属性完整的，同时独立于技术实现。但是现在这个严格的定义正受到挑战，因为不同目标技术在特质上可能差异巨大，如各种类型的关系数据库、NoSQL 数据库、数据湖的存储格式、pub/sub 管道、API 等。

3）对于关系数据库，以前人们希望设计一个能满足任何未来查询需求的万能结构。使用 NoSQL 后，现在仅希望针对某个应用程序设计一个特定模式，只要满足该应用程序的读写访问即可。

第3章

设　　计

　　本章将继续介绍数据建模的设计阶段。我们解释了设计工作的目标，并通过为"宠物之家"案例设计模型，把设计阶段的工作完整地过了一遍。在本章结尾给出了三个贴士和三个要点。

■ 目标

设计阶段的目标,是基于逻辑数据模型定义的业务需求,创建物理数据模型(PDM)。设计是模型设计人员在不损害业务需求的情况下,理解并收集适用于该项目软硬件技术需求的过程。

设计阶段也是理解业务故事背景的重要过程。也就是说,我们修改结构以捕捉数据随时间的变化是不可避免的。例如,在设计阶段,不仅要保留宠物的最新名称,还可以跟踪宠物的原始名称。举个例子,"宠物之家"将一只宠物的名称从 Sparky 改为 Daisy。设计上可以同时存储宠物的原始名称和最新名称,那么就可以知道 Daisy 的原名是 Sparky。尽管本书不是关于时态数据或建模方法的书籍,但还是会推荐一些方法,我们需要在设计阶段考虑多项因素,以便于优雅地应对高速变动的数据或历史数据的存储需求,例如 Data Vault[4] 的设计。

图 55 显示了"宠物之家"在 Access 数据库中设计的物理数据模型(PDM)。

请注意,在上面的 PDM 中包括了明确格式和可为空的字段。而且,这个模型是高度逆规范化的。例如:

• 尽管逻辑上一只宠物可以有任意数量的照片,但表的设计允许每只宠物最多有 3 张照片。"宠物之家"使用 Image_Path_Name_1 字段存储展示照片。

---

4 有关数据仓库的更多信息,请阅读 John Giles 的 *The Elephant in the Fridge*。

● 注意如何从业务逻辑中解析出需要的实体。在以上例子中，一对多的关系通过逆规范化映射到宠物（Pet），这里不再需要性别名称（Gender_Name），因为每个人都熟悉其代码。同时，人们并不熟悉体型代码（Size_Code），所以只存储体型名称（Size_Name），品种表（Bread）已经通过逆规范化到宠物和品种的关联表（Pet_Breed）中。根据需求，在物理层面以不同方式解析实体对建模来说是常有的事。

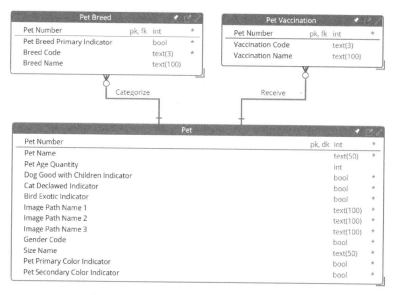

图 55 "宠物之家"在 Access 数据库的 PDM

● 接种表（Vaccination）已被逆规范化到宠物接种表（Pet_Vaccination）中。

对于 MongoDB，模型看起来更像图 56 中的样子。

Pet		
Pet Number	pk	old
Pet Name		str
⊟ Gender		doc
Gender Code		str
Gender Name		str
⊟ Vaccinations		arr
⊟ [0]		doc
Vaccination Date		str
⊟ Vaccination		doc
Vaccination Code		str
Vaccination Name		str

图 56　用 MongoDB 对"宠物之家"的 Access 数据库进行建模

方法

设计阶段的各项工作都基于特定的数据库进行项目开发而展开。最终目标是交付一个查询 PDM，也可以称之为**查询设计模型**。对于"宠物之家"这一项目，建模工作覆盖了项目的 MongoDB 设计和 JSON 交换格式。设计步骤如图 57 所示。

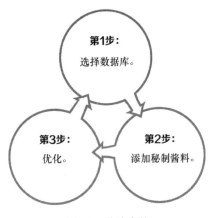

图 57　设计步骤

第 1 步：选择数据库

在这个项目中，了解足够的信息有助于确认哪种类型数据库对于该应用更为理想。在上述案例的需求中，由于要与宠物联盟建立联系，因此选择用 JSON 进行传输，选择 MongoDB 进行存储。如果应用程序更为复杂，单一数据库并非最佳架构时，也可以选择多个不同类型的数据库组合使用。

第 2 步：添加秘制酱料

尽管不同品牌的文档型 NoSQL 数据库可能非常相似，但在设计时每种数据库都有一些需要考虑的特殊之处。例如，对于 MongoDB，可以考虑在哪里使用它们的"秘密配方"，MongoDB 就有以下一些特色功能：

- 索引(多键、地理位置、搜索等)。
- 复制，可以缩短延迟。
- 分片，支持海量数据库。
- MongoDB 查询和聚合语言。
- 文档之间的显式连接和递归连接。
- 模式验证。
- 读写注意事项。
- 更改数据流和 Atlas 触发器。
- 事务。
- 文档归档。
- 时间序列集合。
- 基于 Lucene 的搜索。

- 从基本认证到字段级加密的安全功能，可以满足 GDPR 中的"被遗忘权"等复杂要求。

嵌入与引用

（1）嵌入

在为 MongoDB 建模时，嵌入（Embedding）在任何类型的关系中都很常见。为关系选择嵌入还是引用会导致项目采用不同的解决方案。为每个关系做出正确的决定才能设计出最佳的模型。

在关系数据库模型中，一对一关系往往是嵌入式的。两条信息存在于同一行中。在一对多或多对多关系的情况下，两条信息被分割到不同表的不同行中。使用 MongoDB，一对一关系的嵌入意味着把这两条信息放在同一文档中，也可以选择使用子文档来组合相关信息，例如地址的组成部分：

```
//一对一关系的子文档内
{
    "_id": "dog19370824",
    "name": "Champ",
    "address": {
      "street": "1600 Pennsylvania Avenue NW",
      "city": "Washington",
      "state": "DC",
      "zip": "20500",
      "country": "USA",
    }
}
```

同时，可以使用数组或字典嵌入一对多关系。数组是文档模型中表达一对多关系的文档结构。

```
//带有嵌入式评论的宠物(Pet)文档
{
  "_id": "dog19370824",
  "name": "Fanny",
  "comments": [ {
      "name": "DanielCoupal",
      "text": "Fanny is the sweetest dog ever!"
    }, {
      "name": "SteveHoberman",
      "text": "Fanny loved my daughter's brownies."
    } ]
}
```

对于多对多关系，也可以使用数组或字典。需要注意的是，这种类型的关系嵌入可能会引入重复数据。数据重复对模型来说不一定是坏事；但是，这里强调的是，一对多关系的嵌入与多对多关系的嵌入对比，前者不会引入逆规范化或数据重复。

(2) 引用

还可以使用引用(Referencing)来表达关系，如果是"1"的关系，可以直接使用一个标量值引用另一个文档；如果为"多"的关系，则使用一个引用数组来表示。引用可以是单向的，也可以是双向的。在宠物及其相关评论的例子中，关系可以描述为："一只宠物可以有多条评论"，以及"一条评论必须与一只宠物相关"，下面是一些表示引用的不同替代方案。

来自父文档的引用示例：

```
//使用数组表示从父文档到子文档的引用
//带有对 Comment 文档引用的 Pet 文档
{
    "_id": "dog19370824",
    "name": "Fanny",
```

```
    "comments": [
        "comment101",
        "comment102"
    ]
}
// 引用 Comment 文档
{
    "_id": "comment101",
    "name": "DanielCoupal",
    "text": "Fanny is the sweetest dog ever!"
},
{
    "_id": "comment102",
    "name": "SteveHoberman",
    "text": "Fanny loved my daughter's brownies."
}
```

来自子文档的引用示例：

```
//从子文档对父文档的引用
//一个 Pet 文档
{
    "_id": "dog19370824",
    "name": "Fanny
}
//带有对 Pet 父文档引用的 Comment 文档
{
    "_id": "comment101",
    "dog": "dog19370824",
    "name": "DanielCoupal",
    "text": "Fanny is the sweetest dog ever!"
},
{
    "_id": "comment102",
    "dog": "dog19370824",
```

```
    "name": "SteveHoberman",
    "text": "Fanny loved my daughter's brownies."
}
```

双向引用示例：

```
//从父文档到子文档的引用,反之亦然
//带有对 Comment 文档引用的 Pet 文档
{
    "_id": "dog19370824",
    "name": "Fanny",
    "comments": [
        "comment101",
        "comment102"
    ]
}
//带有对父文档引用的被引用的 Comment 文档
{
    "_id": "comment101",
    "dog": "dog19370824",
    "name": "DanielCoupal",
    "text": "Fanny is the sweetest dog ever!"
},
{
    "_id": "comment102",
    "dog": "dog19370824",
    "name": "SteveHoberman",
    "text": "Fanny loved my daughter's brownies."
}
```

请注意，关系数据模型通常不会有"宠物"数组。关系数据库中的连接操作只支持简单值，因此无法在两个方向上实现引用。对 MongoDB 来说，通常仅在想要访问其他对象的一侧使用引用。维护双向引用的成本太高。总结一下，"一"的关系使用简单值引用，"多"的关系使用数组引用。在主对象中添加引用，即要查询的数据。

（3）选择嵌入还是引用的规则和指南

选择嵌入还是选择引用，主要规则有两条，一条是"将应用程序中一起使用的数据存储在一起"，另一条是"优先选用嵌入，再考虑引用"。下面解释这两条主要规则。

第一条主要规则要求，将应用程序中经常在一起使用的所有内容直接存储在同一个文档中，以避免进行多次连接或读取。连接操作在 CPU 和 I/O 访问方面代价高昂，避免连接可以提供更好的性能。如果每个基本查询都从执行三次读取和两次连接减少到只执行一次读取，其中三个部分被嵌入在一起，那硬件存储需求将大幅削减。

当需要将内容保存在一起时，要通过排除不必要的信息来避免文档变得臃肿。原因是读取此文档将占用更多内存空间，由于系统运行过程中内存是有限的，文档过大会限制内存单位时间内可存储的文档数量，最终造成性能损耗。

第二条主要规则要求**"优先选用嵌入，再考虑引用"**。主要原因是完整的对象对应用程序通常更简单，也容易归档，并且不需要通过事务来进行自动更新。换句话说，通过嵌入而不是引用，可以让工作变得更简单而不是更复杂。

记住这两条规则，再看一下关于嵌入和引用之间如何选择的指南。为了说明这些指南，下面展示一个金融应用程序的示例，存在持卡人和信用卡之间的关系。该应用程序是由一家受各种金融法规约束的银行开发的。根据在本书前面看到的问题，可以确定这是一对多的关系：每个人可以拥有多张信用卡，每张卡必须归一个人所有。并且因为系统对人的请求多于对卡的请求，所以该关系的主要实体是人，而不是卡。表 13 列出了一个可参考的指南。

表 13　嵌入与引用指南

指南名称	问　　题	嵌入	引用
简单性	将信息片段保存在一起是否会得到一个更简单的数据模型和代码？	是	
放在一起	这些信息片段之间存在"具有""包含"或类似的关系吗？	是	
查询原子性	应用程序是否会一起查询这些信息片段？	是	
更新复杂性	这些信息片段是否一起更新？	是	
归档	这些信息片段是否应该同时存档？	是	
基数	关系的"多"方是否存在高基数（当前或增长）？	否	是
数据重复	数据重复是否会导致数据过于复杂以至于无法管理且不受欢迎？	否	是
文档大小	这些信息片段的组合是否会占用应用程序过多的内存或传输带宽？	否	是
文档增长	嵌入的片段是否会无限增长？	否	是
工作负载	在写密集型工作负载中，这些信息片段是否在不同时间写入？		是
个性化	对于关系中的子方，片段是否可以在没有父方存在的情况下自行存在？		是

指南 1：简单性。这与嵌入优先的规则直接相关。相关问题是：将信息片段保存在一起会得到更简单的数据模型和代码吗？在示例中，代码中用于表示一个人及其信用卡的一个对象只需要更简单的代码。

指南 2：放在一起。相关问题是：这些信息片段之间存在"具有""包含"或类似的关系吗？在这里，目的是试图理解一条信息对另一条信息的依赖性。因为一个人"拥有一张"信用卡吗，所以答案是"是"。

指南 3：查询原子性。相关问题是：应用程序是否会一起查询这些信息片段？同样的，通常希望将持卡人信息和信用卡信息一起加载在应用程序中，所以再次回答"是"。

指南 4：更新复杂性。相关问题是：这些信息片断是否一起更新？并非如此。我们可能会在不修改个人资料的情况下添加信用卡。

前面三次都是回答"是"，就应该选择"嵌入"。但是当回答"否"时会发生什么？对于前四条规则，回答"否"没有影响。换句话说，回答"否"意味着不赞成"嵌入"，但也没说应该"引用"。

指南 5：归档。相关问题是：这些信息片段是否应该同时存档？正如前面的例子中，这个问题只有在系统出于法规原因必须存档数据时才相关。这个指南与在书中后面描述的归档模式设计相关。本质是，相比将来在查看归档信息时，需要重新组合或连接大量更小的文档，将所有信息归档在一起的单个文档要容易得多。这是肯定的。当用户账户被停用时，通常希望当时所关联的卡信息也同步被归档。

指南 6：基数。相关问题是：关系的"多"方是否存在高基数(当前或未来)？任何人都不应该拥有几百或上千张卡。这条指南不仅意味着在答案是肯定的情况下赞成"引用"。更多意味着在答案是否定的情况下支持"嵌入"。这反映了对"嵌入"的偏好。如果答案是肯定的，则是希望避免嵌入大型数组。这些大型数组会导致生成大型文档，由经验可知，大型数组中的信息并不总是与主文档的基本信息一起使用。

指南 7：数据重复。相关问题是：数据重复是否会导致数据过于复杂以至于无法管理且不受欢迎？一对多关系不会产生数据重复，所以对这个问题的答案是否定的。

指南 8：文档大小。相关问题是：这些信息片段的组合是否会占用应用程序过多的内存或传输带宽？这与大型数组的问题相关，因为大多数大型文档都包含这样的大型数组。但请注意，文档的大小是否合适只能被使用它的应用程序来进行定义。如果它是一个移动应用程序，可能会更注意传输的数据量，因为移动设备的网络流量是有限的。对于本例而言，即使是移动应用程序，数据包总的来说还是很小，可以接受。

指南 9：文档增长。相关问题是：嵌入的片段是否会无限增长？这个问题也与文档大小相关。但是，它还需要考虑在数组中通过添加新元素来更新相同文档的影响。将信息保存在不同文档中将减少写操作。在示例中，随着时间的推移，文档几乎没有增长。

指南 10：工作负载。相关问题是：在写密集型工作负载中，这些信息片段是否在不同时间写入？写入不同的文档，对缓解写密集型工作负载很有帮助，尤其要避免经常对同一文档进行写操作的争用。只有在每秒生成数千张卡时，那么该示例才属于重写工作负载。

指南 11：个性化。相关问题是：对于关系中的子方，片段是否可以在没有父方存在的情况下自行存在？对于文中的示例，请说"不"。在向系统添加卡之前，卡上必须印有持卡人姓名。当删除卡片的所有者信息时，实际上，卡信息也会被删除，如果卡可以在没有持卡人的情况下存在，这就导致了逻辑问题。如果确实有这样的需求，可以将持卡人信息和卡信息单独存放在两个独立的集合中。

总结一下，很明显应该将信用卡与人员嵌入在一起。如果对"嵌入"和"引用"都有答案，就会考虑每条指南相对于应用程序需求的优先级。

参见表 14，如果答案在"嵌入"和"引用"之间存在纠结的情况下，这会使该关系成为一个非常好的应用模式设计候选对象，后面对此进行讨论。

表 14 在嵌入和引用之间选择的示例

指南名称	问题	嵌入	引用
简单性	将信息片段保存在一起是否会导致一个更简单的数据模型和代码？	是	
放在一起	这些信息片段之间存在"具有""包含"或类似的关系吗？	是	
查询原子性	应用程序是否会一起查询这些信息片段？	是	
更新复杂性	这些信息片段是否一起更新？	是	
归档	这些信息片段是否应该同时存档？	是	
基数	关系的"多"方是否存在高基数（当前或未来增长趋势）？	否	是
数据重复	数据重复是否会过于复杂以至于无法管理和不被接受？	否	是
文档大小	这些信息片段的组合大小是否会占用应用程序过多的内存或传输带宽？	否	是
文档增长	嵌入的片段是否会无限增长？	否	是
工作负载	在写密集型工作负载中，这些信息片段是否在不同时间写入？		是
个性化	对于关系的子方面，片段是否可以在没有父方存在的情况下自行存在？		是

模型设计模式

本书的目的在于帮助读者全面了解可能出现的各种情况，分析利弊，分享案例，帮助读者在设计模型时激发灵感。本书是一个工具箱，使读者基于实际需求选择最合适的工具。

MongoDB 设计模式指的是基于 MongoDB 数据库，可被重复利用的有效设计解决方案。

请注意，不需要对读取和写入使用相同的模式。CQRS（Command and Query Responsibility Segregation，命令和查询职责分离）是一个架构模式，它规定将查询操作与写/更新操作分离开来。这种关注点分离的方式，可以带来更大的灵活性、可扩展性和性能改进。但是，更高的复杂性也意味着学习曲线更陡峭，开发成本更高。随着业务对最终一致性的要求，也要关注在应用程序中同步执行数据所带来的挑战，包括：应用程序本身、pub/sub 管道，以及 MongoDB 4.0 以后版本支持事务功能带来的变化。

不要过于追求便捷而选取现有的模式，用例一旦使用了错误的模式，会对系统带来很多潜在的危害。例如，不要自动规范化，这是在使用关系数据库时的习惯。应该让业务专家参与设计，以确保设计满足业务需求，而不仅仅是考虑开发人员的方便性，需要结合考虑访问模式、优化用户体验、利用工作流程图、CRUD 线框和记录的工作负载分析等因素。使用 PDM 的实体关系图，与所有应用程序利益相关者进行反复的沟通和迭代，以确保对细节问题进行深入思考和全面考虑，保证模型设计效果的有效呈现。验证模型设计，要充分意识到随着新需求的出现，或以新的视角审视之前的假设，模型都会随时间的推移而变化。

考虑到类别、使用难度和应用场景等因素，有几个模型设计模式（SDP）方向。

计算类别（Computation）：包含预计算以及如何快速组装数据的几种模式。

分组类别（Grouping）：包含将多个文档或文档的部分组合成单个文档的几种模式。

生命周期类别（Lifecycle）：包含具有操作的几种模式。这里的操作指的是在系统生命周期的给定时间内，在应用程序之外所执行的脚本以及过程。

多态类（Polymorphism）：围绕文档模型的多态特性所设计的几种模式。如果需要复习多态性，请参阅"关于本书"部分的相关介绍。这个特性允许具有不同形态的对象出于各种原因存在于一个集合中。

关系类（Relationships）：此类模式在文档之间建立简单的嵌入或者引用关系。例如，有的模式可以旋转数据以及对图进行建模。

表 15 按类别总结了各种模型设计模式。

表 15 按类别分组的模型设计模式

类　　别	模　　式
计算	近似值 计算值
分组	桶 异常值 预分配
生命周期	归档 文档版本 信封 模型版本

（续）

类　　别	模　　式
多态性	继承 单集合
关系	属性 扩展引用 图 子集 树

还可以根据理解难易程度和遇到它们的频率对模式进行分组。

表 16 列出的 6 种"基础"模式是一个很好的起点，它们都非常容易理解。同时也列出了 5 个"高级"模式，这意味着对它们的理解或实现有较大困难。"高级"模式能为应用程序带来很多性能改进。最后，为了完整起见，还有 5 种"不太常见"的模式。不过，它们在某些设计中还是非常有用的。表 16 按难度总结了这些模型设计模式。

表 16　按难度分组的模型设计模式

难　　度	模　　式
基础	近似值 计算值 扩展引用 继承 信封 模型版本
高级	归档 属性 桶 单合集 子集

（续）

难　度	模　　式
不太常见	文档版本 图 异常值 预分配 树

表 17 说明了每个设计模式的一些属性。一个重要的属性是，采用该设计模式是否会引发异常。异常指的是导致数据重复、陈旧或者引用完整性被破坏。

表 17　模型设计模式的一些属性

设 计 模 式	类　　别	模型关系 （Yes/No）	引入异常（S=some）
近似模式	计算	N	Y
归档模式	生命周期	N	N
属性模式	关系	Y	N
桶模式	分组	Y	N
计算模式	计算	N	Y
文档版本模式	生命周期	N	N
信封模式	生命周期	N	N
扩展引用模式	关系	Y	Y
图模式	关系	Y	S
继承模式	多样性	Y	N
异常值模式	分组	Y	N
预分配模式	分组	Y	N
模型版本模式	生命周期	N	N

（续）

设 计 模 式	类　　别	模型关系 （Yes/No）	引入异常（S=some）
单集合模式	多态性	Y	N
子集模式	关系	Y	Y
树模式	关系	Y	S

最后，通过不同的使用场景来说明每个模式。这里选择了5个领域（金融服务、电子商务、物联网、客户服务和网站）以及每个领域的典型应用程序，也会进一步说明能从特定的模式中获得潜在收益的特定需求，见表18。

表18　模型设计模式、用例和场景

模　　式	金融服务 （顾问应用 程序）	电子商务（购 物网站）	物联网 （SIM卡 系统）	客户服务 （单一视图 应用程序）	网站（电影 网站）
近似模式		网页计数器	连接设备 计数器		网页计数器
归档模式	保留文件的 审计	停产产品	保留测量值 用于分析		
属性模式	搜索客户 信息	产品属性		可搜索的 文档标准	选定国家/地区 的票房收入
桶模式	每个账户每 月的交易		一天的测量	每年每个账 户的索赔	每天的票房 收入
计算模式	日终账户 价值		每个存储桶的 总数和平均数		门票销售收入
文档版本 模式	更改的审计 跟踪	上个月的 更改			
信封模式	应用迁移， 血缘	应用迁移， 血缘	应用迁移， 血缘	应用迁移， 血缘	应用迁移， 血缘

（续）

模 式	金融服务（顾问应用程序）	电子商务（购物网站）	物联网（SIM 卡系统）	客户服务（单一视图应用程序）	网站（电影网站）
扩展引用模式	客户资料中的账户	订单中的产品	测量中的设备	保单中的客户	电影中的演员
图模式	调查个人之间的欺诈性交易	多类别产品层次结构			
继承模式	将不同的信贷产品分组	将不同类型的产品分组	将不同制造商的 SIM 卡分组	分组政策	将电影和电视节目分组
异常值模式					额外列表
预分配模式	与顾问预约会议		一天的测量		影院的座位
模型版本模式	应用程序更新	应用程序更新	应用程序更新	应用程序更新	应用程序更新
单集合模式		购物车		用户个人资料、政策、索赔和消息	
子集模式	账户中的最后交易	产品测评	设备最近报告的数据	客户交互的日志	电影评价
树模式	银行位置组织	产品类别	设备所在区域组织		组装碎片政策

　　金融服务领域的"顾问应用程序"允许不同的顾问直接管理他们的客户。顾问使用该应用程序来全面了解客户并跟踪他们的互动。换句话说，它就像是顾问的客户关系管理系统。

　　电子商务领域的"购物网站"类似于亚马逊、沃尔玛和其他购物网站。

　　物联网（IoT）领域的"SIM 卡系统"是将许多设备（汽车、

冰箱等)连接到单个监控系统的解决方案。在这种情况下，设备使用蜂窝网络通过 SIM 卡与服务器通信。

客户服务领域的"单一视图应用程序"是在复杂环境中提供客户完整视图的应用程序。例如，多年来，保险公司可能收购了许多竞争对手。将所有遗留数据库合并到单独的 MongoDB 数据库中，这是一种非常常见的场景，单一的数据库可以使客户的支持人员更为轻松快速地查看一个客户的所有信息。

最后，"电影网站"是一个典型的参考数据网站。此类网站有大量并发用户，因此，可以把数据准备好，以备浏览器或移动应用程序快速访问和展示。

在"宠物领养应用程序"中，我们需要理解整个场景，充分发挥创造力来应用每种模式。一些新要求可能看起来有趣，希望读者也会这么认为。请跟随着以下扩展的需求发挥想象力。

- 希望跟踪宠物的母亲。

- 让用户对品种进行评论，以帮助其他用户判断这是否是适合他们的品种。

- 记录每只宠物的宠物房间。

- 允许宠物拥有各自的 Twitter 账户。有些宠物有许多关注者，它已经是真正的"网红"。这些宠物太贵重了，它们不在领养范围内。

- 允许游客(没有注册的用户)与宠物互动。需要保留互动的记录。

- 当宠物留在"宠物之家"期间，保留这些游客互动记录，或者考虑为它们设定"永久户籍"，在宠物的一生中保留下来。

- 让用户可以通过在线商店购买名宠物的装备和商品。

(1) 近似模式

地球上的人口数量是多少？因为每秒都有新生儿出生和人离世，所以这个数字时刻在变化。一旦报出任何一个数字，在说出口的那一刻，这个数字就已经失准了。即使是国家机构报出的数字，也都是在不同时间进行汇总得出，与实际情况存在差异。

应当为获得一个确切的数字而纠结吗？答案是不应该。第一，因为准确计算该数字很困难；第二，因为已经有了足够准确的估计。我们常常陷入追求完美数字的陷阱，而事实情况是一个近似值就已经足够好。

尽管完美的数字很诱人，但为了得到它而所付出的成本可能超过它们的价值本身。

1) 近似模式总体介绍。

近似模式 (Approximation Pattern) 的目标是节省资源。在当今的大型系统中，一个简单的操作如果重复执行会使资源消耗激增，以至于结果往往得不偿失。近似模式会用"足够好"且更具成本效益的操作来替代高成本的精准操作。

近似模式非常适用于统计网页访问量。它也适用于追踪持续增长的数字。

如果近似带来的不精确在项目中无法被接受，可以考虑使用计算模式 (Computed Pattern)。

近似模式有以下变体：

- 缓冲写入。
- 应用固定随机写入。
- 应用几何随机写入。

2）近似模式详细介绍。

以电商系统为例，系统的一个需求是统计用户查看商品的次数。该计数器计算商品文档中商品页面的浏览量与销量的比值。这个比值可以提示哪些页面可以更好地促进用户购买商品。

现在假设一款非常流行的新款智能手机发布了，在发布的第1个小时内就有1 000万人浏览了这个新商品的页面。如果添加一个针对页面浏览量的计数器，那么1个小时内就会产生1 000万次写入，相当于每秒钟3 000次写入，仅针对一个商品页面。这种高密度写入的量级可能超过了所有其他商品的销量写入总和。也就是说，这个计数器可能会消耗集群资源的80%左右（编造的数字）。在这种场景下，系统需要把大量资源耗费在该页面的统计上，而不是业务的核心功能上。

如果页面访问量的精确统计非常关键，可以提高基础设施投入来维持精确计数。但是，是否真的需要这么精确的数值？数值的最后一位真的很重要吗？还是最后两位数重要呢？如果最后两位数字不重要，那么可以将计数器每次递增100，随机抽取1/100的次数进行写入。参考图58，这样在大数上损失的精度可以忽略。

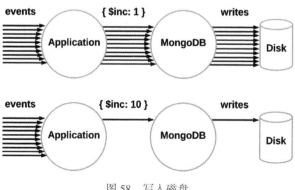

图 58　写入磁盘

这里的设计采用按 X 递增值，抽取 1/X 的次数进行写入。

```
if random(0..99) == 0:
    increment = 100
else:
    increment = 0
```

返回示例，现在 1 小时内只写入 10 万次，相当于每秒钟写入 30 次，而不是原来的 1 小时内 1 000 万次写入。如果写入次数仍然过多，可以采用更大的写入间隔。

写入间隔增大，引入的错误也会变大。对一个小的计数器的影响更大。一个被访问 70 次的页面，如果写入间隔为 100，计数器的值会显示为 100 或 0，误差率在最好情况下也有 30%。一个被访问 7 000 次的页面，计数值很可能只相差几百，误差率低于 10%。随着计数器值的增长，期望误差率能控制在 1% 以内。

上述设计是一个简单的算法。各种文献提供了许多其他的近似算法。复杂一些的算法可以基于当前计数器值采用不同的写入间隔。例如，只对大于等于 100 的值进行近似。小于 100 时每次递增 1，在 100~10 000，采用 10 的近似间隔，10 000~100 万采用 100 的近似写入间隔，等等。

减少写入次数也有利于系统的并发处理。如果每个商品的每个文档中都有计数器，这个文档会承受大量的并发锁和潜在的写入冲突。

计数器是近似模式的一个很好的例子。在客户网站中经常看到它的应用。

通常，以下几种场合也适合应用近似模式：

- 数据很难正确计算。
- 数据计算代价高昂。

- 可以接受不精确的数字。

3）实现近似模式。

要实现近似模式，请采取以下步骤：

可以修改应用程序的业务逻辑，来处理写入的频率和负载，近似模式不需要对模型进行任何更改。

如前所述，下面的代码片段将引入近似算法，将给定值的写入次数以 100 进行划分：

```
if random(0..99) == 0:
    increment = 100
    db.collection.write({mycounter: increment})
else:
    // do nothing
    increment = 0
```

如果要缓冲写入，代码如下：

```
counter = counter + 1
if counter == 100:
    db.collection.write({mycounter: counter})
    counter = 0
else:
    // do nothing
...
on_termination(counter):
    db.collection.write({mycounter: counter})
```

4）应用近似模式的宠物收养项目示例。

计数器是一个大多数系统都需要的通用需求，宠物收养项目也不例外。以下例子使用近似模式来对网站页面访问量进行建模。

事实上，这种模式在数据建模方面很容易实现，只须在适当的文档中添加计数器即可。

在这种情况下，我们将向宠物文档添加一个网页视图。一个文档示例如下所示。

```
//一个包含网页访问量计数器的宠物文档
{
    "_id": "bird102345",
    "pet_name": "Lady G",
    ...
    "web_page_views": "1934127"
}
```

这个文档模型非常简单，如图 59 所示。

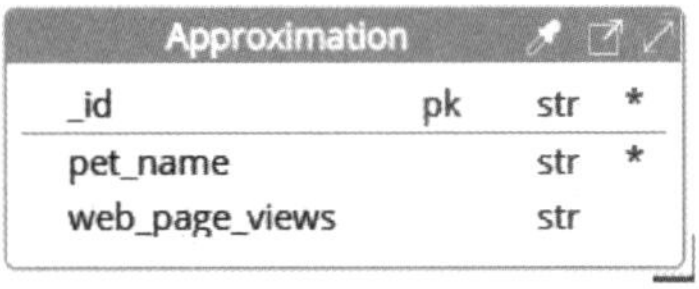

图 59　近似模式模型示例

最后，在代码中添加更新计数器的函数。

5）近似模式的优点。

当写操作限制了系统时，应用此模式可以轻松地将计数器的写入次数缩减至 1/10、1/100 甚至 1/1000。也就是说，计数器的写入比例从主要负载降低到可以忽略的程度。

如果要使用文档中的一个字段作为计数器，那么许多线程同时尝试递增计数器时，很可能会产生一些写入冲突。MongoDB 的存储引擎会通过重试的方式优雅地处理这种冲突。但是，这些重试会耗费资源并使进程进入排队状态，因此最好还是能避免这样的操作。

这种模式生成一个近似的值。这个数值在统计上是有效的。

6)近似模式的权衡。

近似模式为应用的目标字段引入了"异常"，这些"异常"所产生的结果可能会略微偏离准确的数字。

对于缓存写入，如果所有的进程都能在退出前刷新数据写入，计数器仍然是准确的。随着时间的推移，任何偏差都会导致一些偏移，导致报告的数字可能等于或低于预期数字。

另一个权衡点是增加代码复杂度。应用程序需要生成一个随机数，并检查该随机数是否触发了写入操作，而不再是简单的递增计数器的写入操作。

7)近似模式总结。

近似模式是一种简单的模式，在应用程序中实现此模式，可以在不需要完全精确计算的场景下，有助于减少资源占用。关于近似模式的总结见表 19。

表 19　近似模式

问题	为了保持完美状态进行的写操作占用资源过高，而此完美状态并不需要
解决方案	减少写操作的频率 增加每个写操作的负载(即批量写入)
使用案例	网页访问统计 其他高值计数器 统计数据
优点	减少写操作次数 减少对文档的写操作争用 统计上有效的数值
权衡	可能产生不完全精确的数字 必须在应用程序中实现

（2）归档模式

如果项目要求永久保存数据，该怎么办？这种情况下，某些项目会成为数据的囤积者。

更严肃点说，由于法规要求或其他合理原因，项目可能需要无限期保存数据。然而，常用的查询只涉及最近 3 个月的数据，而如果用同样高昂的成本保存 7 年甚至更久的旧数据，这显然不是一个好的策略。

1）归档模式总体介绍。

归档模式（Archive Pattern）解决了一个客户常见的需求，即对数据进行分层存储。也就是以更廉价的存储来保存使用频率较低的数据。以下是此类需求的一个典型示例：

① 在数据库中存储不超过 2 年的数据。

② 2~7 年之间的数据存储在更具性价比的文件存储空间中。常见的选择有 S3、Glacier 或成本更低的集群。

③ 删除超过 7 年的数据。

在受金融、制药或其他法规约束的应用中，经常可以看到对于归档模式的使用。用它来存放不再需要的过时数据，例如：对于时效性要求不高的产品数据，当这些数据占总数据量很大比例时，就可以采取这一策略。另一个常见场景是归档旧的日志和物联网测量数据。

如果需要保留所有文档版本而不仅仅是最新的文档，请参考本书关于**文档版本模式**的内容。

归档模式有以下变体：

- 归档到文件存储。
- 归档到一个更便宜的集群。

- 归档到同一集群中的另一个集合。

2) 归档模式详细介绍。

要使用此模式，需要两个存储位置。第一个位置存放访问频繁的文档，例如不超过两年的文档。通常，核心数据库存储将保存这些文档。

我们希望第二个位置的存储成本低于第一个位置。第二个位置常见的三种选择是：

- 外部文件存储。
- 一个成本更低的集群中的一个集合。
- 同一数据库中的一个单独集合。

第一种选择文件存储（如 Amazon S3）的文档存储成本更低。另一方面，查询数据的成本要高得多。像 S3 这样的文件存储方案很难在不读取大文件区块的情况下读取单个文档。尽管如此，它仍是最流行的归档选择。

第二种选择是将文档复制到另一个成本更低的集群。选择一个更小规模的集群，因为工作量更少，查询延迟较长也依然可以接受。在这种解决方案中，存储空间节省不多，但在 CPU、RAM 等计算资源上可以降低配置，节省更多成本（译者注：当然，如果 I/O 要求不高，也可以使用 HDD 进一步节省存储成本）。与外部文件存储相反，这个方案中的查询成本更低，因为它仍然是一个 MongoDB 集合，可以直接访问文档并使用索引。

第三种选择也是将文档复制到同一集群中的另一个集合。这种情况下，存储空间没有节省，文档占用的空间是一样的，但是，对旧文档可以不用建立那么多索引。防止旧文档占用服务器宝贵的 RAM 空间，从而降低成本[5]。与前一个解决方案类似，当前工作集中不再有旧文档。当应用程序需要访问旧文档时，应该使用从节点或分析节点进行查询。

3）实现归档模式。

要实现归档模式，请执行以下步骤：

① 尽量使用嵌入关系。选择进行归档的理想文档应包含所有关系数据。当需要审计时，希望避免从许多碎片中重建文档。

② 在文档中添加一个字段表示文档的存活期。

③ 对那些永不过期或者不需要移动的文档，把存活期字段设为"永久保留"。

④ 选择一个跟生产数据不同的位置用于存储归档文档。

⑤ 创建一个脚本或修改应用程序来归档或删除文档。

⑥ 确定归档和删除文档[6]的计划。

MongoDB Atlas 的归档功能可以无缝地处理第④、⑤、⑥步。

4）应用归档模式的宠物收养项目示例。

宠物收养项目的一个需求是归档所有宠物的交互记录。使用归档模式来归档宠物的交互记录。通常会把宠物在"宠物之家"寄存期间，以及明星宠物"走过彩虹桥"（离世）前的所有交互记录进行归档。交互记录超过 3 个月就会被移到归档中。如果这些旧文档偶尔需要读取，应该将它们保存在另外一个集合中，保持在同一个集群或另一个集群也是可以的。本例中，同一集群看起来更合适。

读取历史交互记录的机会不多，所以把它们移动到第三级存

5　如果旧文档不再位于同一集合中，则集合扫描的负面影响会较小。

6　使用 TTL 索引可以帮助删除文档。

储，也就是 S3 文件。大多数实现了 AWS S3 功能的文件系统存储都可以。首先，看一下要归档的文档。这些文档必须具备两个特征：一个是用于归档的日期，另一个是让归档变得有意义的其他描述信息。换句话说，对其他文档的任何引用也需要同时存在。

```
//包含每个月交互内容的交互文档
{
    "_id": {
        "pet_id": "bird102345",
        "month": ISODate("2023-02-01T00:00:00Z")
    },
    "interactions": [
        {
            "ts":ISODate("2023-02-14T22:14:00Z"),
            "userid": 34717
        },
        {
            "ts":ISODate("2023-02-15T20:00:00Z"),
            "userid": 31043
        }
    ]
}
```

图 60 所示为上述文档的模型示例。

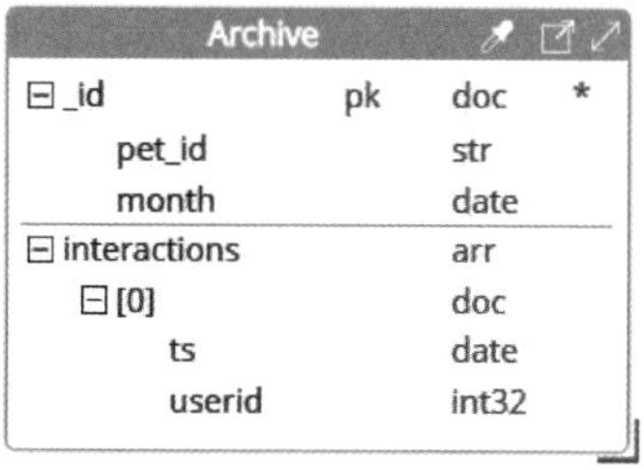

图 60　归档模式模型示例

图 61 所示为归档模式树状图。

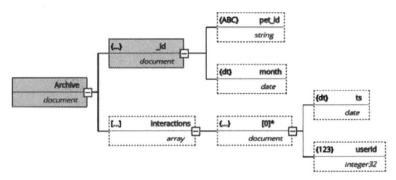

图 61　归档模式树状图

字段 month 是需要归档的内容，这样就可以了。至于对其他文档的引用，还有 userid 字段。如果这些 userid 值在宠物整个生命周期中都可用的话，应该就可以了。但这样会使读取和搜索文档的操作变得复杂。所以，应用扩展引用模式，并为 userid 字段添加对应的名称。同样，_id 对宠物（Pet）文档的引用也是如此，也会使用扩展引用模式加上宠物的名称。现在文档看起来如下所示：

```
//带有扩展引用的交互文档
{
    "_id": {
        "pet_id": "bird102345",
        "month": ISODate("2023-02-01T00:00:00Z")
    },
    "pet_name": "Lady G", // Extended Reference
    "month":ISODate("2023-02-01T00:00:00Z"),
    "interactions": [
        {
```

```
        "ts":ISODate("2023-02-14T22:14:00Z"),
        "userid": 34717,
        "name": "Daniel Coupal" // Ext Ref
    },
    {
        "ts":ISODate("2023-02-15T20:00:00Z"),
        "userid": 31043,
        "name": "Pascal Desmarets" // Ext Ref
    }
    ]
}
```

图 62 所示为上述文档的模型。

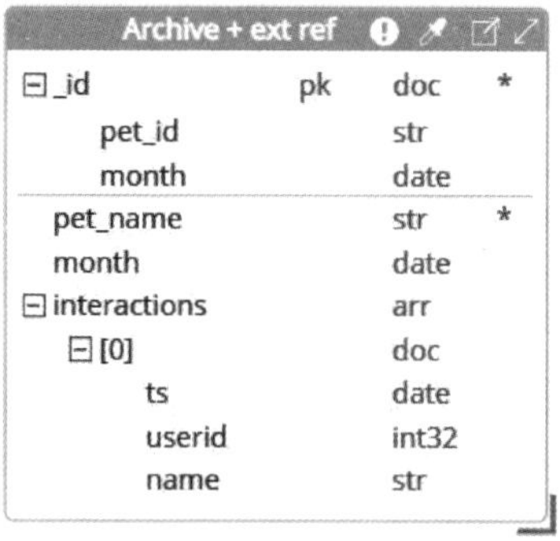

图 62　扩展引用模式模型示例

现在，需要一个查询来查找所有超过 3 个月的文档。定期运行一个查询脚本，每月一次就可以了，然后将找到的文档复制到 S3 中，接下来在数据库中删除这些文档。

```
db.interactions.aggregate([
  {
    $match:
      {
        month: {
```

```
      $lt:new Date(
       new Date().setMonth(
        new Date().getMonth() - 3
       )
      ),
     },
    },
  },
])
```

5）归档模式的优点。

归档模式的一个主要目标是降低管理旧文档的成本。如果成本本来已经很低了，则无须应用此模式。

另一个主要目标是满足长期保存数据的法规要求。如果将文档在主数据库中保存多年的成本可以接受，同样无须要应用此模式。

6）归档模式的权衡。

因为归档的文档存储在较慢的数据存储设备上，而且可能没有索引，因此检索这些文档会比较缓慢。也因为没有索引，有时每次检索的成本会变得更高，比如 S3 文件。所以必须确保归档不会转化为更高的成本。

可以使用 MongoDB Atlas 归档功能中的联合模式跨多个数据源进行查询。在这种情况下，单个查询会从数据库和归档检索数据。当然，并非任何时候都需要使用这样的能力，但是当业务需要多个环境联合查询时，该工具的 API 服务可以有效组装来自多个数据源的数据进行联合查询。

更新已归档的数据通常是一个挑战，诸如 S3 之类的云存储通常不支持"就地更新"。如果这是一个关键的要求，通过使用较慢的集群等替代解决方案可能是一个更好的选择。

7) 归档模式总结。

归档模式的目标是尽可能降低系统的总体成本，而不是提高性能。金融和医疗保健公司经常使用此模式来满足政府的法务要求以及运营各类数据。如：业务的流水日志随着时间推移变得很少被访问，就可以利用这种模式提升效益。关于归档模式的总结见表 20。

表 20　归档模式

问题	一些文档使用很少，但出于法规目的必须保留
解决方案	使用不同的存储分层管理 在成本更低的存储中存放较旧的文档
使用案例	金融应用 制药应用
优点	减少管理旧文档的成本 满足长时间保存数据的法规要求
权衡	访问旧文档更慢 数据库管理系统可能不支持跨不同存储层进行联合查询 可能无法更改已归档文档的模型结构

(3) 属性模式

多态性是文档模型最强大的特性之一。它允许在一个集合中放置具有不同特征的对象。但是如果不能预测对象之间的区别，同时又有查询这些字段的需求时，应该怎么办？在传统的关系数据库中，会将对象中的灵活属性列表转换或转置到一个表中，并用对象 ID 进行连接。每一行都有一个指向主表的外键、一个属性名称和它的值。在 MongoDB 中也能做到同样的事情，并避免这两个集合之间不必要的连接吗？

1）属性模式总体介绍。

属性模式（Attribute Pattern）可以将多个字段组合成一个索引，从而可以在创建索引的时候，就包含未来要使用其他未知名字的字段。

这个模式对存放目录类型的应用很有好处，当出现需要通过许多个字段描述一个产品时，同样可以提升对这些字段进行搜索的效率。

MongoDB 有一个原生功能——通配符索引，它通过实现属性模式的一个子集来满足目录和搜索需求。属性模式的另一个替代方案是 Atlas Search 功能。下面的示例将展示通配符索引和 Atlas Search 功能。

首先回顾一下属性模式，然后展示一个使用通配符索引功能的示例。

属性模式有以下变体：

- 使用键值对。
- 使用键值对和附加限定符。

2）属性模式详细介绍。

在传统的关系数据库中，经常会使用一个属性表来表示某一行中未定义的列。属性表是这些不可预测列的转置。原始行和属性表之间存在一对多关系。

使用属性模式时，MongoDB 使用类似的布局。属性名称列成为 ""k":"字段名"，而值列成为 ""v":"值""。生成的文档比常规的 JSON 文档更难阅读。

k 和 v 组合的索引，遵循 { "k":1, "v":1 } 格式。这个索引的关键特征是它不需要知道属性的名称。属性名称不是索引格式的一部分，而是它的值。该索引允许查询模式不知道的属性。

3）实现属性模式。

要实现属性模式，请执行以下步骤：

① 确定要组合在一起的字段。

② 创建一个数组来包含这些目标字段。

③ 对每个目标字段，在数组中创建一个子文档。

④ 对每个子文档，目标字段的名称为 k 的值，目标字段的值为 v 的值。

⑤ 对额外的限定符（q1、q2 等），应该使用一个额外的字段来绑定这些值。大多数目标字段应具有一致的额外字段。

⑥ 使用所有字段（如 k、v、q1、q2 等）创建一个复合索引。

例如，以下文档中表示价格的字段如下所示。

```
{
    "_id": "12345",
    "name": "The Little Prince",
    ...
    "price_usa":Decimal(9.99)
    "price_france":Decimal(15.00)
}
```

图 63 所示为上述文档的模型。

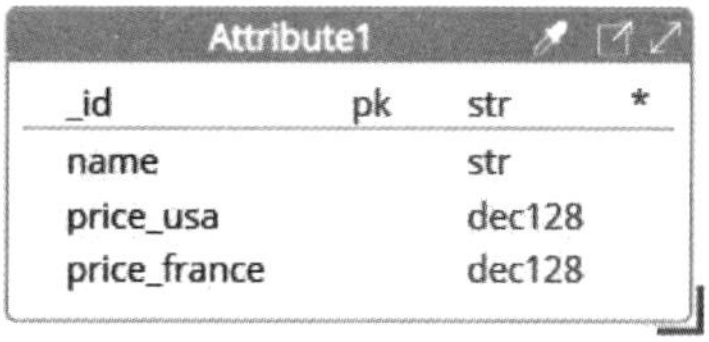

图 63　属性模式模型示例 1

应用属性模式后，它们如下所示：

```
{
    "_id": "12345",
    "name": "The Little Prince",
    "prices": [
        {
            "k": "price_usa",
            "v": Decimal(9.99),
            "q": "USD"
        },
        {
            "k": "price_france",
            "v": Decimal(15.00),
            "q": "Euros"
        }
    ]
}
```

图 64 显示了上述文档的模型。

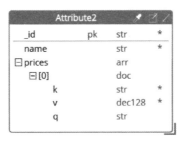

图 64　属性模式模型示例 2

4）应用属性模式的宠物收养项目示例。

下面使用属性模式对用于搜索宠物的字段进行建模，同时不想为每个新添加的搜索条件创建一个索引。搜索页面将为每个搜索条件提供一个下拉菜单。通过在 details 字段下对属性进行分组来使用通配符索引。文档可能如下所示：

```
//带有属性的宠物文档
{
    "_id": "bird102345",
    "pet_name": "Lady G",
    "details": [
        "character": "independent",
        "color": "green",
        "height": 0.2,          // 0.2 m or 20 cm
        "origin": "Venezuela",
        "voice": "marvelous",
        "weight": 0.3           // 0.3 kg or 300 g
    ]
}
```

下面的语句将创建通配符索引：

```
db.pets.createIndex({ "details.$* * ":1 });
```

对键值之间的关系使用限定符的属性模式。将属性进行转置后，文档如下所示：

```
//带有属性的宠物文档
{
    "_id": "bird102345",
    "pet_name": "Lady G",
    "details": [
        { "k": "character", "v": "independent" },
        { "k": "color", "v": "green", "q": "dark" },
        { "k": "height", "v": 20, "q": "cm" },
        { "k": "origin", "v": "Venezuela" },
        { "k": "voice", "v": "marvelous" },
        { "k": "weight", "v": 300, "q": "g" }
    ]
}
```

图 65 所示为上述文档的模型。

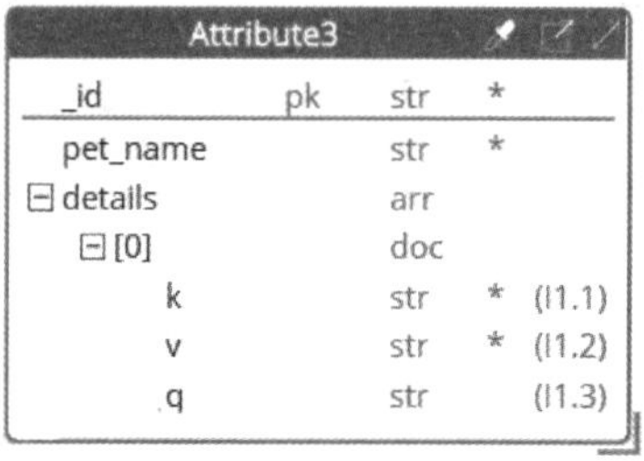

图 65　属性模式模型示例 3

然后创建以下多键索引：

```
db.pets.createIndex({ "details.k": 1, "details.v":1, "details.
q":1 });
```

下面的查询可以找到一个深绿色的宠物：

```
db.pets.find({ details: { $ elemMatch: { "k": "color", "v": "
green", "q": "dark" }}});
```

5）属性模式的优点。

如果由于大量字段导致索引过多，此模式将有助于降低复杂性并简化数据库管理。

属性模式允许将新属性自动添加为组中所有属性的索引的一部分，而无须关注文档中的新字段为其创建额外的索引。

6）属性模式的权衡。

由于属性模式的结构和文档的其他部分所使用的键值表示方法截然不同，文档结构的可读性会下降。换句话说，这部分文档的字段看起来会与其他字段不同。

此外，在同一子文档中查询多个字段时，必须指定 MongoDB

使用 $elemMatch。否则，在查询两个字段时，如果不使用该关键字，将返回任意一个匹配第一个条件的子文档，以及匹配第二个条件的第二个子文档的数据。

7）属性模式总结。

属性模式允许一次对一组字段建立索引。这在键名不可预测时非常方便。它解决了由于无法确定键名而无法建立索引的问题。关于属性模式的总结见表 21。

表 21　属性模式

问题	文档中有许多不可预测的键需要建立索引
解决方案	将字段重新排列为键-值对
使用案例	产品特征 相同值类型的一组字段
优点	降低索引数量 允许通过索引自动考虑新的键名
权衡	k-v 符号法与文档中其他字段不同，可读性较差 查询时必须在字段子句之间使用 $elemMatch 操作符

MongoDB 中的通配符索引功能已经对该模式的一个子集进行了编码。如果通配符索引功能满足应用需求，建议在实现属性模式时优先使用。

（4）桶模式

在编程的早期阶段，人们会用打孔卡给大型计算机输入指令。每条指令都有一张单独的卡。如果这些有序的卡片散落在地上的话，重新排序很让人头疼，特别是在没有贴标签的情况下。

不久后，终端的出现允许开发人员将所有这些指令放在一个文件中，虽然使用方便了，然而，程序变得越来越大，文件也越来越大。然后，单个文件存储不再是可行的解决方案。

当时的解决方案是对一组指令进行分组，称之为文件、类或库，这种系统一直沿用至今。进行模型设计时，通常需要一种中间解决方案，因为两种极端都远非最佳。打孔卡过于细粒度，而"单文件"解决方案范围太广，粒度不够。

1）桶模式总体介绍。

相比嵌入一对多关系和将多方的每个对象保存在单独文档这两种模式，桶模式（Bucket Pattern）是一种过渡解决方案。它允许以更易管理的大小将相关的文档进行分组。

在物联网数据、时间序列数据以及任何高基数关系中，都可以看到桶模式的应用。例如，可能需要对一个设备的测量值或对剧院一个月的收入进行分组。

MongoDB 原生的时间序列功能，是桶模式案例的一个功能实现。当使用该功能时，MongoDB 可以为应用程序提供许多便捷的功能。

2）桶模式详细介绍。

通过将单个信息片段分组保存到桶中，将文件大小按系统最优的方式存放。

应用桶模式时，常见的困惑是到底应该分多少个组。如上所述，生成文档的最终大小是评估的标准之一。

另一个关键问题是，分组后应用程序和用户应该如何查询数据。例如，从延迟的角度来看，聚合查询往往是耗时最多的操作。如果查询必须以 $unwind 开始来展开文档，表明分组比需要的更深一级。为了进一步说明这个例子，假设文档的桶是一个月的数据。最关键的查询需要从桶中计算出每日平均值，并在用户界面中报告这些平均值。那么在这个查询需求中，以天作为分组的单位可能更优。

当工作负载对读写操作有严格要求时，解决方案可以是通过单个文档，将适量的数据分组存放在桶中，并在另一个集合的文档中保存这些分组信息，以加快读操作。计算模式通常用于对桶的操作进行预计算。在上述示例中，可以预先计算每日平均值并将其存储在另一个文档的桶中。

3）实现桶模式。

要实现桶模式，请执行以下步骤：

① 确定桶的粒度。

② 创建一个数组来存放分组的测量值或数据。

③ 确定一个文档根级别的字段来标识桶，如：时间序列数据的日期或按大小桶分组的实体的桶编号。

4）应用桶模式的宠物收养项目示例。

宠物每周平均有 2~3 次互动。为每次互动都创建一个文档，长时间后数据量会非常大。另一方面，将所有互动都放在宠物文档中会使归档文档比想要的略微复杂，所以将使用桶模式对互动进行建模。

第一个问题与桶的粒度有关。一周只有非常少的观测值，而一年可能产生太多观测值，这会使归档操作比较复杂。因此，可以确定以月作为粒度。

在 interactions 字段下添加测量值，并在 month 字段中标识桶的月份，interactions 集合中的文档如下所示：

```
//包含每月互动的互动文档
{
    "_id": {
```

```
    "pet_id": "bird102345",
    "month": ISODate("2023-02-01T00:00:00Z")
  },
  "interactions": [
    {
      "ts":ISODate("2023-02-14T22:14:00Z"),
      "userid": 34717
    },
    {
      "ts":ISODate("2023-02-15T20:00:00Z"),
      "userid": 31043
    },
    ...
  ]
}
```

图 66 以 ER 图的方式显示了上述文档的模型。

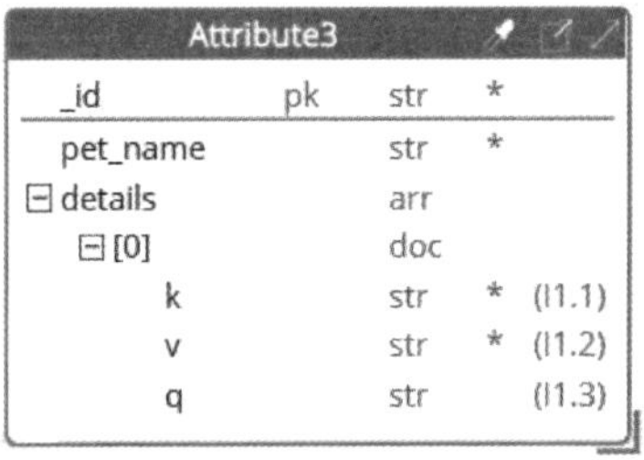

图 66 桶模式模型示例

图 67 所示为桶模式的树状图。

5）桶模式的优点。

将多个文档按桶模式分组到单个文档，它可以减少读取操作的次数。另一方面，如果将所有数据都存放在单个文档中，那么单次读取可能会将过多的信息加载到内存中，导致资源浪费。因此，该模式在设计时，需要在读取操作次数和内存资源使用上保持合理的平衡。

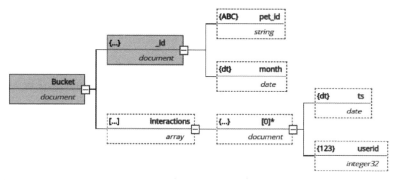

图 67　桶模式的树状图

　　为了将数据按时间单位组织，使其更易于管理，可以预先计算该时间单位的汇总信息，并将这些计算后的信息存储在文档中。例如，将每月的汇总数据存储在文档中，将使进一步聚合数据时性能更好，基于 12 个月的汇总数据计算一年的数据，会比每次都添加成千上万的文档进行计算要快得多。

　　在归档和删除文档时，按分组单位对一组文档进行处理会变得更容易。例如，当分组单位为月时，归档三个月的数据很容易。然而，在包含一个月数据的文档中，想要归档一周的数据就会更复杂。

　　桶模式的另一个使用案例是帮助页面做分页展示。在网站上按页面显示文档时，应用程序可以发出新查询并跳过几个文档。如果文档按桶模式组织，需要读取和跳过的文档就少得多[7]。

　　7　请参阅 Justin LaBreck 的 *Paging with the Bucket Pattern*(《使用桶模式进行分页》)。https://www.mongodb.com/blog/post/paging-with-the-bucket-pattern——第 1 部分。

6）桶模式的权衡。

使用桶模式后，如果要对其中的一部分数据进行操作，程序的编写会变得更复杂。需要先展开数组元素进行查询，与简单地在文档中处理数据相比，性能可能会受到影响。

传统的 BI 工具可能难以操作数组的元素。虽然 MongoDB 提供了从文档读取的驱动程序，但是仍需要使用数组函数来管理桶里面的元素。

7）桶模式总结。

桶模式是完全嵌入或引用关系的一种替代方案。它最适合一对多关系。使用这种模式时，需要设计者对工作负载本身有充分的了解。

MongoDB 中的时间序列功能对桶模式最常见的使用案例进行编码。该功能还可以从服务器端的许多性能实现中受益。如果满足需求，应优先考虑此功能。关于桶模式的总结见表 22。

表 22　桶模式

问题	避免文档过多或文档过大 无法嵌入的一对多关系
解决方案	定义最佳的信息分组方式 创建数组以存储每个文档的最佳数量
使用案例	物联网 数据仓库 高基数的一对多关系
优点	在读取访问次数和返回的数据大小之间提供了很好的平衡 使数据更易于管理 易于清除数据 帮助实现分页结果
权衡	如果设计不正确，可能会导致查询性能较差 对 BI 工具不太友好

（5）计算模式

有些计算非常耗费资源。当被要求重复执行同一任务时，希望系统可以自动化执行。

如果在数据库中将信息存储为基本单元，系统可能会反复进行完全相同的计算、操作或转换。对于大数据系统来说，这些重复的计算可能导致性能不佳。

1）计算模式总体描述。

计算模式（Computed Pattern）允许高效的读取查询，否则这些查询需要进行复杂的计算。典型的计算包括计数器、卷积、求和或其他数学运算。此模式通常用于对读取操作的性能要求高于写入操作的系统中。例如在物联网系统中，系统会汇报用户定义时间段内的总和和平均值。在这些系统中，计算模式是对桶模式或 MongoDB 时间序列的补充。文档中将包含一组相关的数据点和对数据集的计算。计算模式有以下变种：

- 计数和其他数学运算。
- 汇总数据。
- 扩散数据。

2）计算模式详解。

计算模式的本质是在需要之前计算结果。之所以这样做，通常是因为读取操作远多于写入操作。或者由于业务对读取延迟有严格的要求，因此没有足够的时间进行实时计算。在读取操作多于写入操作的情况下，将计算过程移至写入过程可以节省计算资源以提升性能。同时，这种情况也不会产生过时的数据。

在对读取延迟有严格要求的情况下，某些数据会出现过时的情况。在这种情况下，定时任务会提前计算出结果。但是，系统在两次任务运行之间可能会出现过时的数据。在面对数据异常的情况时，必须权衡直接进行计算和显示过时数据的成本与不满足延迟要求的后果。例如，如果每日都需要计算产品的用户流行度排名，那么 24 小时以内的延时是可以接受的。

一旦计算完成，应该将结果放入与该计算对应的一对一关系的文档中。例如，使用销售文档来计算产品的受欢迎程度。在这种情况下，计算出的排名与产品存在一对一的关系。应该将计算出的排名放入产品文档中，如图 68 所示。

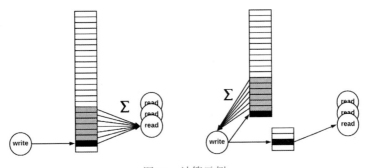

图 68　计算示例

对于后续计算，可以选择不同的策略。第一种方法是保留数据源(关于数据的详细信息)并重新运行整个计算。另一种方法是保留累加器以增量方式执行后续计算。在后一种情况下，如果需要，可以删除数据源。例如，在计算平均值时，总和与平均值一起保留，随着可用数据点的增加，逐步计算更新的平均值。

变体 A：计数和其他数学运算

这是最常见的变体。具有用户界面的系统通常必须呈现包含计数和总和的概览数据，以展示某个对象或趋势。快速向用户展示这些信息通常比报告完美的数字更重要。一切都是相对的；偏差在控制范围内就可以，这样系统的最终用户可以快速做出明智的决策。

系统中常见的一些计算示例包括：

- 对时间序列数据中的观测信息进行计数、求平均值或求和。

- 对产品、评价和评论进行排名。

变体 B：汇总数据

数据立方体是一个多维数组值。每个数组都是将数据汇总为较小信息片段的结果。例如，希望能够按区域、日期和产品类别汇总销售数据。当这些汇总计算成本太高而无法即时执行时，使用计算模式提前计算出数据是更好的选择。同样，需要在可接受的过时数据和读取时执行汇总的成本之间进行权衡，如图 69所示。

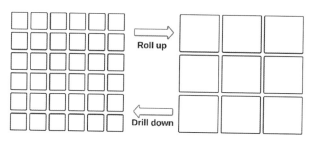

图 69 汇总数据和详细数据

注：Roll up—卷起；Drill down—钻取。

变体 C：扩散数据

第三个变体与前面提到的汇总相反。在这种变体中，需要将信息复制到一个集中的地方，这样其他数据源不必再收集数据。例如，在社交网络应用中，将图像或文本复制到某个主题的所有订阅者中，这样可以节省从众多来源汇总页面的读取操作，极大地加快用户页面的呈现，如图 70 和图 71 所示。

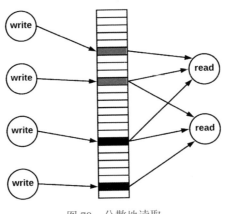

图 70　分散地读取

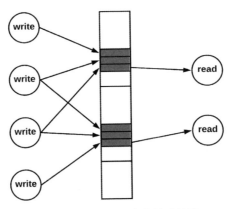

图 71　在写入时准备高效地读取

3) 实现计算模式。

要实现计算模式，请执行以下步骤：

① 识别过于频繁的计算。

② 在与计算存在一对一关系的文档中创建一个字段来存放结果。

③ 识别执行计算的频率。

④ 在上述频率下执行脚本或触发器。

4) 应用计算模式的宠物收养项目示例。

在宠物收养项目中，将应用计算模式来计算过去三个自然月的交互摘要，或者对过去 90 天保持滚动计数，但这会增加不必要的复杂性，所以只需要最后三个自然月的总和就足够了。

计算结果将写入宠物文档中的 interactions_last_3_months 字段，并在每个月末计算新的值，然后通过聚合管道来更新这些值。

修改后的宠物文档如下所示。

```
//一个宠物文档,包含过去三个自然月的交互总和
{
    "_id": "bird102345",
    "pet_name": "Lady G",
    ...
    //Computed value from the interaction collection
    "interactions_last_3_months": 87
}
```

图 72 所示为上述文档的模型。

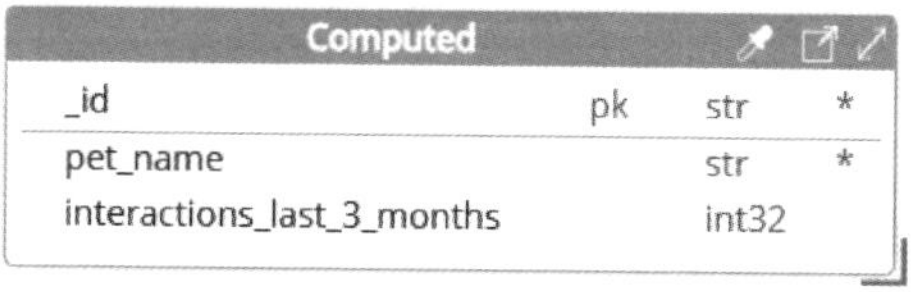

Computed			
_id	pk	str	*
pet_name		str	*
interactions_last_3_months		int32	

图 72　计算模式模型示例

```
//计算 2023 年 1 月、2 月和 3 月每个宠物的交互次数
[
  {
    $match: {
      "_id.month": {
        $gte: ISODate("2023-01-01"),
        $lt:ISODate("2023-04-01"),
      },
    },
  },
  {
    $unwind: {
      path: "$interactions",
    },
  },
  {
$group: {
    _id: "$_id.pet_id",
    sum: {
      $sum: 1,
    },
  },
  },
]
```

5) 计算模式的优点。

计算模式的主要目标之一是使读取操作更快。通过预先计算将读取操作变得更简单快捷。

当读取操作比写入操作更频繁时，使用相同数据的计算可能会重复进行，并提供相同的结果。可以通过在写入操作期间进行计算来避免这种情况。较少的计算意味着使用较少的 CPU 资源。

6) 计算模式的权衡。

如果系统无法实现足够频繁地重新计算，读取操作可能会返

回过时的数据。有关这个主题，请参阅模式详解中关于数据过时的完整讨论。

计算也可能产生数据重复。这些计算只是其他数据在规定时间内的快照。

7) 计算模式总结。

计算模式是在读取操作之前预先计算数据，以防止检索时间过长。关于计算模式的总结见表 23。

表 23　计算模式

问题	数据成本高昂的计算或操作 对相同的数据进行相同的计算，是对算力的浪费
解决方案	在写入或通过调度程序执行操作时，将结果一并存储在适当的文档中
使用案例	物联网 事件溯源
优点	读取操作更快 节省 CPU 和磁盘访问资源
权衡	可能导致数据过时 可能导致信息重复

(6) 文档版本模式

软件配置管理系统，也称为源代码控制系统或版本控制系统。像 Git、ClearCase、Perforce、Mercurial 和 CVS 等工具，可以保留文件(通常是源代码)的完整历史记录，以便返回代码库历史版本状态。

CMS(Content Management System，内容管理系统)通常也包含类似的功能，保留文件处理过程中的多个修订版本。

这些工具的强大之处在于允许团队并发处理相同的内容，并允许在不同的工作流上进行分支和合并工作。

而数据库则是非常擅长处理大量查询和频繁更新数据，但是，它们通常只能代表数据的最后状态。

那么，如果应用程序需要引用文档的早期版本，怎么办？

可以使用数据库和 SCM（Software Configuration Management，软件配置管理）系统。但是，这会使应用程序的开发变得更加复杂，因为现在必须跨多个系统协调请求、操作和备份。

1）文档版本模式总体描述。

文档版本模式（Document Versioning Pattern）用于跟踪文档的更改。此功能类似于配置管理系统跟踪源代码的更改。另一个例子是数据仓库中的缓慢变化维度（Slow-Changing Dimension，SCD）。

受监管的行业通常都会使用此模式。诸如银行和制药等行业，由于审计需求，可能需要查看早期版本的数据。

文档版本模式有以下变体。

- 在辅助集合中保留所有完整版本。
- 仅存储版本之间的差异。

2）文档版本模式详解。

如果想查看完整文档，那么第一种变体更简单直接，因为第二种变体需要基于差异重建版本。第一种变体的简单性以使用更多存储空间来存储所有修订版本为代价。

第二种变体更适合业务会持续对文档进行许多更改，而且业务重点在于记录谁做了哪些更改以及更改时间的场景。

下面将使用相同的示例演示这两种模式变体。

假设企业需要与一家有 1000 万客户的保险公司合作。该公司将每个客户的保单分为两部分。第一部分是标准保单，第二部分包括每个客户的特定保单详情，包括标准保单的所有附加项列表和特定受保项目列表。通常需要修改该列表的历史记录，从而满足法规要求或打击欺诈犯罪。因此，企业要跟踪对自定义列表的任何更改。

回到需求列表，我们有 1000 万客户，每个客户每年大约有 1 次修改，99.9% 的查询与当前保单有关，所以这应该是该模式的完美用例。

如果每个文档只有几个版本，那么第一种变体的效果更好。如果每个文档跟踪信息都需要频繁地更改，推荐使用第二种变体。

变体 A：在辅助集合中保留所有完整版本

对于第一种变体，应该只有几个文档进行版本控制。当拥有的文档数量越多，平均修订版本数就应该越少。文档数量与平均修订版本数的乘积应该在硬件资源可控范围内。对于有数十亿文档且每个文档又拥有数百个修订版本的场景，该模式就不太适用。

如果要频繁地查询每个文档的最新修订版，第一种变体的模式是有效的。该模式优化了数据模型，因此所有从最新版本读取的查询都不会受到任何性能影响。

在此项目中将为客户特定部分创建两个集合。第一个集合 cust_policies_rev 保留所有文档的所有修订版本。第二个集合 cust_policies 保存每个客户的一个修订版本，即最新版本。

假设一个客户刚买了一个戒指，要将其添加到保单中。可以创建一个新版本文档。该文档是前一个版本的修订，在此版本之上进行新的客户修改。首先，将文档写入名为 cust_policies_rev

的集合，其中包含所有文档的修订版本。然后，将相同的文档作为对此文档的最新修订版的更新并写入集合 cust_policies，该集合仅包含文档的最新修订版。设计时，cust_policies 集合中仅保留最新修订版，可以保持查询简单且高效，这就不需要再通过种种手段来选择文档的最新修订版。

在示例中，将以下文档插入 cust_policies 集合。

```
//给定文档的特定条款的第一个修订版本/原始版本
{
    "customer_id": "568903845",
    "revision": 1,
    "ts": "2023-03-01 15:15:15",
    "name": "DanielCoupal",
    "insured_items": [
        { "type": "home", "address": ... },
        { "type": "life", "age": ...}
    ],
    ...
}
```

图 73 所示为上述文档的模型。

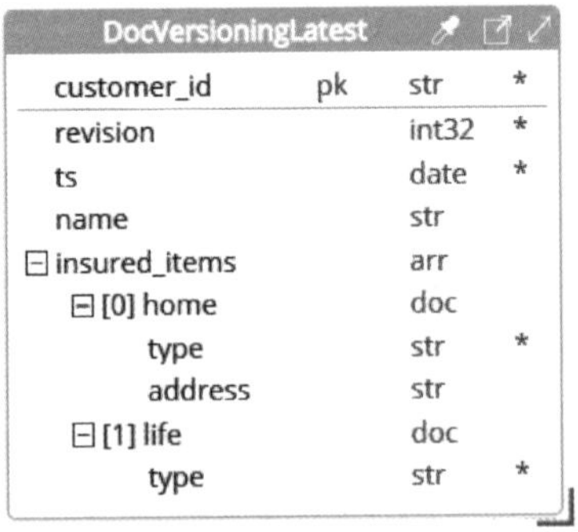

图 73　文档版本模式模型示例 1

同时将文档插入 cust_policies_rev 集合。后来，当客户想添加戒指时，可以将项目添加到文档中，如下所示：

```
//给定文档的特定条款的第一个修订版本/原始版本
{
    "customer_id": "568903845",
    "revision": 1,
    "ts": "2023-04-01 16:16:16",
    "name": "DanielCoupal",
    "insured_items": [
    { "type": "home", "address": ... },
    { "type": "life", "age": ... },
    { "type": "jewelry", "desc": "ring", ... }
    ],
    ...
}
```

图 74 所示为上述文档的模型。

DocVersioningRev			
customer_id	pk	str	*
revision		int32	*
ts		date	*
name		str	
⊟ insured_items		arr	
⊟ [0] home		doc	
type		str	*
address		str	
⊟ [1] life		doc	
type		str	*
⊟ [2] jewelry		doc	
type		str	*
description		str	

图 74 文档版本模式模型示例 2

通过搜索 customer_id 来更新 cust_policies 集合中的文档，并在 cust_policies_rev 集合中插入文档。请注意，在第二个集合中插入文档需要删除文档的主键_id。如果要插入的文档没有主键_id，MongoDB 将添加一个自动生成的主键(_id)。使用这种变体，可以考虑仅保留某些修订版本，但只保留最后若干个修订版本，或保留少于若干天或若干年的那些版本。

变体 B：仅存储版本之间的差异

在第二种变体中，可以仅存储版本之间的差异。如果它们的变化较少或改变后的文档大小依然在接受的管理范围以内，可以将这些差异保存在同一个文档中。或者，如果修改列表太长，可以将差异存储在不同的集合中。使用与第一种变体相同的场景，文档的第一个修订版如下所示。

```
//给定文档的特定条款的第一个修订版本/原始版本
{
    "customer_id": "568903845",
    "revision": 1,
    "creation_ts": "2023-03-01 15:15:15",
    "last_update_ts": "2023-03-01 15:15:15",
    "name": "DanielCoupal",
    "insured_items": [
        { "type": "home", "address": ... },
        { "type": "life", "age": ...}
    ],
    ...
}
```

图 75 所示为上述文档的模型。

下面的文档修订版跟踪了修订版之间的增量变化。在这种情况下，只在一个集合中保留所有文档。

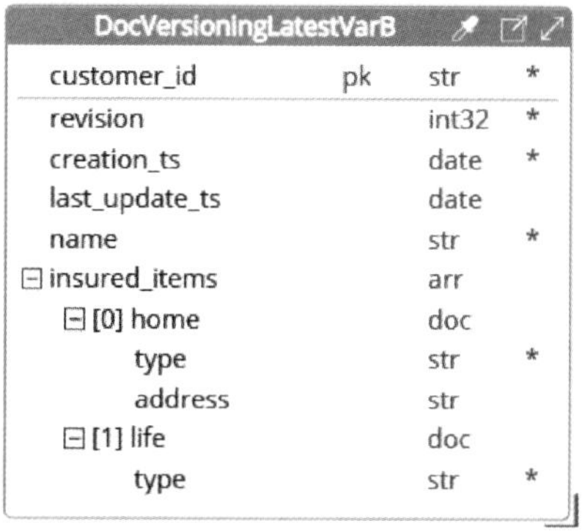

图 75 文档版本模式模型示例 3

```
//给定文档的特定条款的第二个修订版本/原始版本
{
    "customer_id": "568903845",
    "revision": 2,
    "creation_ts": "2023-03-01 15:15:15",
    "last_update_ts": "2023-04-01 16:16:16",
    "name": "DanielCoupal",
    "insured_items": [
        { "type": "home", "address": ... },
        { "type": "life", "age": ...},
        { "type": "jewelry", "desc": "ring", ... }
    ],
    "changes": [
        { "revision": 2,
          "ts": "2023-04-01 16:16:16",
          "user": "InsAgento",
          "change_field": "insured_items",
          "action": "add",
          "what": { "type": "jewelry",
```

```
            "desc":"ring", ... }
        }
    ]
    ...
}
```

图 76 所示为上述文档的模型。

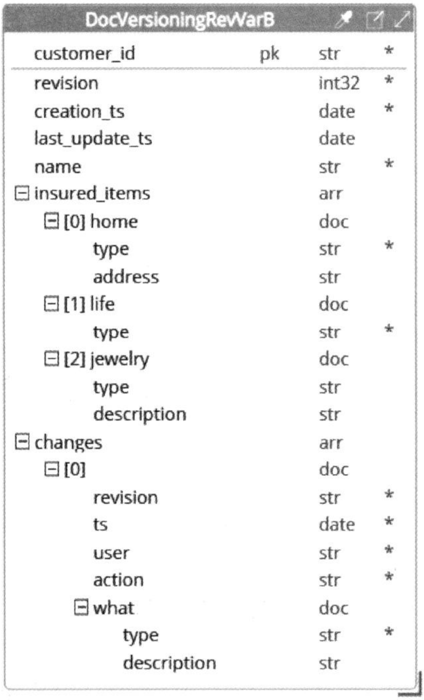

图 76   文档版本模式模型示例 4

为了通过可读的格式获取先前的版本，必须从增量中重建该版本。这种操作需要在程序代码中添加更多操作，相比第一种变体更复杂。

其他变体

第三种变体是将所有版本保存在一个集合中,并设置一个标志来标识最新版本。这种变体的主要问题是它不会减小集合大小,并且所有查询都必须确保它们指定要使用最新版本。此外,还会使得数据的索引和排序变得更加复杂。

3) 实现文档版本模式。

要实现文档版本模式,请执行以下步骤:

① 添加一个字段来跟踪版本号。

② 为版本添加创建日期。

③ 确定第二个集合或其他存储来接收较旧或所有文档版本。

④ 对于保留完整版本的变体,修改代码以使用最新版本更新主集合,并在支持所有版本的位置插入新版本。

⑤ 对于保留完整版本的变体,修改代码以使用最新版本更新主集合,并在支持所有版本的位置插入新版本。

4) 应用文档版本模式的宠物收养项目示例。

文档版本模式将满足对任何宠物收养证书变更的跟踪要求。

以下是收养证书文档的示例:

```
//带有文档版本的收养证书文档
{
    "pet_id": "dog100666",
    "revision": 1,
    "last_update": "2023-01-06",
    "pet_name": "Cujo",
    "adoption_date": "2023-01-08",
    "new_owners": [ "Steve King" ],
    "clauses": [
```

```
    "Adoption center will vaccinate dog for flu"
]
...
}
```

图 77 所示为上述文档的模型。

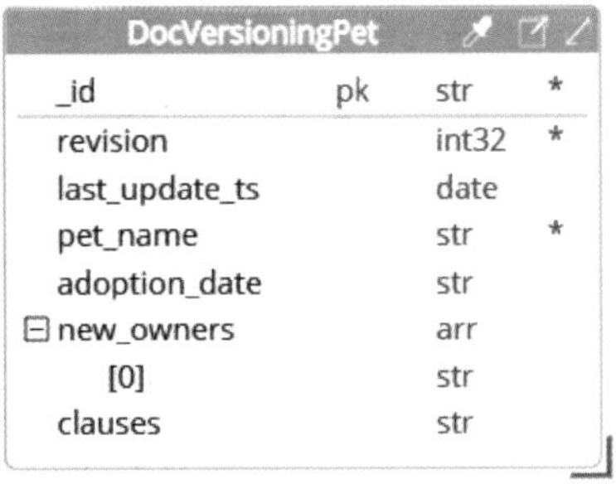

图 77　文档版本模式宠物模型示例 1

　　然后，新主人要求在证书上添加他们家的女儿 Carrie 作为所有者，并说服中心为 Cujo 提供 6 个月的特殊食物，因为 Cujo 刚从疾病中恢复过来。随着这些变化，收养证书的新版本可能如下所示：

```
//带有文档版本的收养证书文档
{
    "pet_id": "dog100666",
    "revision": 2,
    "last_update": "2023-01-07",
    "pet_name": "Cujo",
    "adoption_date": "2023-01-08",
    "new_owners": [ "Steve King", "Carrie King" ],
    "clauses": [
        "Adoption center will vaccinate dog for flu",
```

```
    "Adoption center will provide six months of special dog food"
    ]
    ...
}
```

模式保持不变，如图 78 所示。

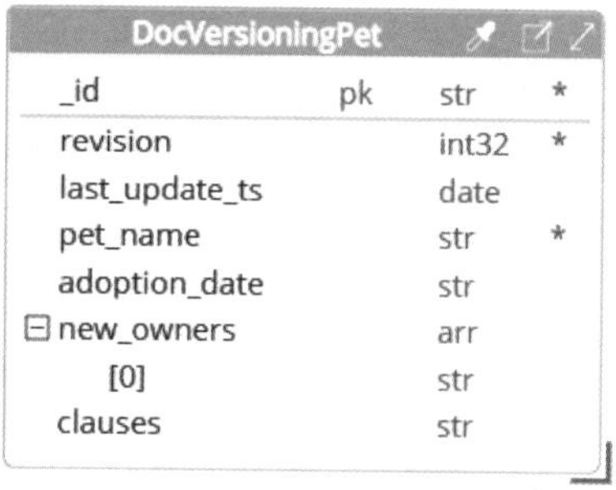

图 78　文档版本模式宠物模型示例 2

从系统角度来看，新版的收养证书是系统将一直使用的版本，可以将此修订版保存在 adoption_certificates 集合中。但是，由于需要跟踪证书的历史记录，还需要将以前的版本保存在一个单独的集合 previous_adoption_certificate 中。

更新证书时，系统将运行以下查询。

```
//在这里替换整个文档,但 $set 可能更合适用于对大文档进行小规模更新
db.adoption_certificate.updateOne({"pet_id":
"dog10666"}, new_certificate_doc)

db.previous_adoption_certificate.insert(new_certificate_doc)
```

注意，文档不能使用 pet_id 作为_id，因为业务中允许 previous_adoption_certificate 集合的每个宠物有多个文档。在这种情况下，不提供_id 字段将导致 MongoDB 自动添加一个 ObjectId（）类

型的_id。

此时，previous_adoption_certificate 集合中会有两份 Cujo 的文档。可以使用以下查询检索文档。

```
db.previous_adoption_certificate.find({"pet_id": "dog10666"})
```

5）文档版本模式的优点。

除非业务对文档的更改频率非常高，否则使用文档版本模式管理这些数据几乎不会有任何开销。用更新和插入语句替换更新，可以考虑将这两个操作封装在事务中以确保事务的一致性。

6）文档版本模式的权衡。

对于需要频繁更改的文档，避免写操作次数翻倍是重要的衡量指标。完整复制文档可以使得未来文档间的比较操作更加简单，但同时也将占用更多空间。在大文档的操作上，也需要考虑好当中的平衡。

随着可用版本的增加，系统可能需要设计额外的功能来显示版本间的差异和对旧版本的管理。

7）文档版本模式总结。

文档版本模式能避免使用配置管理系统来跟踪更改。它还可以帮助审计识别文档的更改时间和内容变化。关于文档版本模式的总结见表24。

表 24　文档版本模式

问题	需要保留文档的旧版本 不想使用单独的系统(SCM 或 CMS)来跟踪少量文档更改
解决方案	使用一个字段来跟踪文档的版本号 使用单独的集合来保存最新和较旧的文档

（续）

使用案例	金融应用程序 保险应用程序 法律文件 价格或产品描述历史记录
优点	保留旧版本几乎不影响应用性能
权衡	写操作次数翻倍 对大文档的频繁更新会消耗更多磁盘空间 读取操作必须针对包含最新或所有文档的正确集合

（7）信封模式

信封模式（Envelope Pattern）的目的是将提供给应用程序的数据（"有效载荷"）与用于优化数据库和应用程序功能和灵活性的中间数据（"信封"）分开。它可以用来协调数据，以进行更完整的索引和查询结果、跟踪血统等。

有几个理由将信封和有效载荷分成文档的不同部分。一是可能文档的某些部分必须与遗留系统保持同步；二是可能需要以类似关系数据模型的规范形式标准化某些数据；三是也可能只是想让文档内容的组织结构更简洁。此时信封模式可以与本节中提及的一个或多个模式相结合，包括模型版本模式和继承模式。

1）信封模式总体描述。

其基本思想是为文档创建一个包含两个不同部分的结构。

● "信封"：此部分包含元数据，如版本号、时间戳、血统、协调信息或用于索引以及其他数据库操作的数据。

● "有效载荷"：此部分包含提供给应用程序使用的实际数据。

2）信封模式详解。

使用 JSON 和 MongoDB 文档模型，可以轻松创建信息的逻辑分组，这让文档组织形式对人类和系统开发都更加友好。每个分组的命名并不特别重要，只要对业务系统来说是一致的和有意义的即可。例如，"信封"也可以称为"信头"或"元数据"，而"有效载荷"也可以称为"数据"或"实例"。事实上，"有效载荷"也可以不嵌套在对象中，而是保留在文档的根级别。

```
//元数据与数据有效载荷分开的信封模式文档
{
    "_id": "bird102345",
    "header": {
        "schema_version": 4,
        "docRevision": 1,
        "creation_ts": "2023-03-01 15:15:15",
        "last_update_ts": "2023-03-01 15:15:15",
        "created_by": "jdoe",
        "provenance": {
            "source": "System A",
        },
        "lineage": "map v0.1.3",
        "harmonization": {
            "zipcode": "29466-0317",
        },
        "phone": "+1-555-444-7890"
    },
    "related_to": [],
    "payload": { ... }
}
```

图 79 所示为上述示例的模型。

在这个示例中，元数据分组在"header"子对象下，而数据在"payload"子对象中。在这个元数据示例中，有一个血统的子对象、一个用于协调数据的子对象，以及在后面会详细介绍的单集合模式中使用的子对象。

图 79　信封模式模型示例 1

例如，如果集合中的数据来自不同的遗留系统，则可以使用协调部分。在地址数据中，可能存在使用不同字段名表示相同信息的情况，如 zip、postcode、postal_code 等。如果出于业务连续性的要求，需要保留原始字段名，那么协调部分可以确保兼容性。

3）实现信封模式。

要实现信封模式，请执行以下步骤：

① 根据信息的性质，将文档的字段拆分为"信封"组和"有效载荷"组。

② 可以在应用程序代码中添加处理血缘、协调等元数据字段的逻辑。

③ 可以将旧文档迁移到新结构。

4）应用信封模式的宠物收养项目示例。

信封模式的应用非常简单，它可以与本节中介绍的其他所有设计模式相结合。唯一的困难可能是如果不是从一开始就采用了这种模式，那么迁移到这种模式可能会有困难。在最初设想的宠物系统中，数据来自一个 Access 数据库。假设随着业务的快速发展，"宠物之家"收购了镇上的一个竞争对手。现在需要整合来自多个系统的数据，而且第三方系统中存在不同的命名规范和格式。在过渡期间，必须确保与不同系统的兼容性。

```
//来自"宠物之家"Access 数据库的文档
{
    "_ id": "bird102345",
    "header": {
        "schema_ version": 2,
        "docRevision": 1,
        "creation_ ts": "2023-03-01 15: 15: 15",
        "last_ update_ ts": "2023-03-01 15: 15: 15",
        "created_ by": " John Smith ",
        "provenance": {
            "source": "MS-Access",
            "lineage": " map v0. 2. 2"
        },
        "harmonization": {
            "zipcode": "74866-3457",
            "phone": "+1-555-444-7890"
        },
        "related_ to": [ ]
    },
    "payload": {
        "new_ owner": "Steve King",
        "phoneNumber": "555-444-7890",
        "full_ address": {
            "houseNum": "74866",
```

```
            "street": "123 Main Street",
            "box": "Apt. 749",
            "city": "Anytown",
            "state": "CA",
            "zip": "29466-0317"
        }
    }
}
//来自被收购竞争对手数据库的文档
{
    "_id": "dog980453",
    "header": {
        "schema_version": 4,
        "docRevision": 1,
        "creation_ts": "2023-03-01 15:15:15",
        "last_update_ts": "2023-03-01 15:15:15",
        "created_by": "jdoe",
        "provenance": {
            "source": "System D",
            "lineage": "map v0.1.3"
        },
        "harmonization": {
            "zipcode": "74962-1347",
            "phone": "+1-555-444-7890"
        },
        "related_to": []
    },
    "payload": {
        "name": "EllaGoodson",
        "homephone": "555-444-7890",
        "address": "3780 Old House Drive",
        "city": "Worthington",
        "state": "MD",
        "postal": "74962"
    }
}
```

上述文档的模型如图 80 所示。

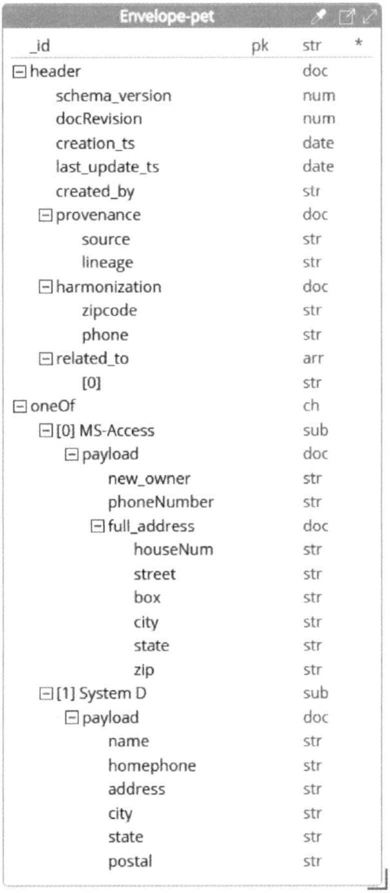

图 80　信封模式模型示例 2

注意，以上信封模式的示例还使用了模型版本模式和继承模式来适应两个源系统的不同结构。

使用 Hackolade Studio，可以使用 Snippets 功能预先填充模型中每个新文档模型的结构。

5）信封模式的优点。

将元数据（信封）与有效载荷分开可以提高查询和其他数据库操作的效率和准确性。通过在创建文档时协调来自不同系统的数据，使得每个查询都可以返回准确可信的结果，而且不会破坏遗留系统原有的数据。

信息的分组也可以提高文档的可读性让内容更容易被理解。最后，信封模式可以配合特殊索引需求和在单集合模式下使用。

6）信封模式的权衡。

信封中的额外元数据可能会增加数据模型和 API 的复杂性。根据应用程序的需求，这些好处可能微乎其微，需要设计师判断是否值得引入这样的复杂性。

在某些情况下，将元数据（信封）与有效载荷分开会降低查询效率，例如，将元数据与有效载荷结合才能产生预期结果的场景。

7）信封模式总结。

关于信封模式的总结见表 25。

表 25　信封模式

问题	存储结构不同的数据必须以统一的方式进行查询
解决方案	将提供给业务使用的数据（"有效载荷"）与用于优化数据库、应用程序功能和灵活性的数据（"信封"）分开
使用案例	数据血缘 集成来自不同遗留系统的数据
优点	通过在文档创建时协调数据来提高查询的效率和准确性 通过分离元数据和有效载荷来提高文档的可读性，让内容更易于解读
权衡	文档结构和 API 的复杂性会随之增加 如果元数据必须与有效载荷结合在一起，则查询效率可能降低

(8)扩展引用模式

如果在传统关系数据库中有 10 个表，迁移到 MongoDB 中可能会减少为三个集合，但在实际应用中会发现，可能依然存在不同表之间大量的关联查询。

与相应的 SQL 查询相比，MongoDB 查询更简单和直接。尽管如此，在大数据世界中，任何执行频繁的操作都可能会成为性能的瓶颈，特别是连接(JOIN)操作。

1)扩展引用模式总体描述。

扩展引用模式是介于嵌入和链接另一个文档之间的一种替代解决方案。它嵌入文档中频繁使用的部分，以避免对重要查询执行连接操作。它在另一个位置保留文档的完整版本，在需要更多信息时对完整内容进行引用。

此模式有助于满足许多应用程序的性能要求。典型的用例是需要对导致数据重复的多对多关系进行建模。例如，可以提取所需的客户、产品或账户特征，并将这些信息放置在父文档中。

如果没有一组字段能满足此模式的要求，则选用单集合模式可能是更好的解决方案。

2)扩展引用模式详解。

在传统关系数据库中，通过使用 JOIN 连接进行多表查询将行的一部分聚合在一起。如前所述，JOIN 连接代价高昂，在文档数据库设计数据模型时应该避免使用。

为避免进行 JION 连接，可以在 MongoDB 中使用嵌入。但是，在某些情况下，嵌入可能会引入新的问题。例如，对于多对多关系，嵌入会导致数据重复。

以电影数据库为例，假设要创建一个侧重于电影内容的应用程序(而不是侧重于演员),一种可能的设计是对电影使用一个集合,对演员使用另一个集合,而不是将演员嵌入一个集合的电影文档中。这种双集合设计允许在更改与演员相关的内容时,简单地更新演员文档;但是,大多数查询都需要连接两个集合。

使用扩展引用模式,可以避免执行连接,同时仍然在两个不同的文档中拥有信息。与仅使用 actorID 作为引用不同,通过添加更多字段(例如演员名称)来扩展此引用。这种设计允许通过简单检索电影文档来显示带有所有演员的电影。

关于何时使用扩展引用模式的另一个示例是与订单和客户相关的应用程序。例如某个系统需要围绕订单构建与客户的一对多关系,为了避免重复保存客户的所有内容,可以将客户的姓名、电话号码和地址嵌入订单中。如果需要获取有关客户的更多信息,查询时将为给定客户检索完整文档。

在选择要增加引用信息的字段时,请选择不变或极少变化的字段。在上面的示例中,演员的姓名是一个稳定的值。同样,传递特定订单的客户姓名也是如此。

在 Hackolade Studio 中,将附加字段从一个实体带到另一个实体,Hackolade 将前者称为外键主表。该工具还在文档关系图中反映了这个信息。

3)实现扩展引用模式。

要实现扩展引用模式,请执行以下步骤:

① 识别可以避免连接的频繁查询。

② 从主文档复制引用的字段。

③ 调整代码更新数据源中的更改和扩展引用,或使用流式更改方法来执行更改。

4）应用扩展引用模式的宠物收养项目示例。

在宠物收养应用程序的原始模型中，已经使用了扩展引用模式。它同时存储了对品种代码和给定宠物的品种名称的引用。类似地，对颜色和疫苗也是如此。这三个信息都是使用扩展引用模式的示例。

存储品种代码和品种名称的目的有两方面。在展示一只宠物时，希望显示品种列表。如果只有品种代码（指向品种集合的外键），就必须像对传统关系数据库那样连接品种表。正如本书前面章节的介绍，JOIN 连接的代价是高昂的，为了使系统性能良好，必须避免 JOIN 连接。因此，与仅存储对其他表的引用不同，可以扩展存储最常用的信息，如本例中的品种名称。如果用户通过单击品种名称查看更多关于品种的信息，品种代码仍有助于拉取更多信息。换句话说，复制用于频繁查询的字段可以避免连接的执行，提升性能。

```
//一个品种文档
{
    "_id": "breed101",
    "name": "Dalmatian",
    "origin": "Croatia",
    "traits": [
        "loyal to the family",
        "good with children",
        ...
    ],
    ...
}
//一个宠物文档
{
    "_id": "dog19370824",
```

```
    "name": "Fanny",
    "breeds": [
        {
            "code": "breed101",
            "name": "Dalmatian"
        }
    ]
}
```

图 81 所示为上面文档的模型。

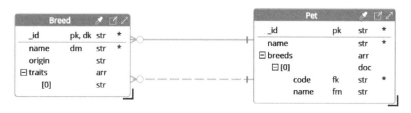

图 81　扩展引用模式模型示例

关于此示例最后需要说明的是，品种名称通常是不可变的。但是，在重命名品种时，系统还应该重命名包含此品种的列表中每只宠物的字符串。数据模型中的外键主表文档有助于跟踪未来在主父集合中的数据发生更改时需要更新的字段。

5）扩展引用模式的优点。

因为扩展引用模式表示预连接关系，所以读取会更快。不需要打开两个游标并执行两次读取操作。一个文档内即可包含需要的所有数据。

如果不应用扩展引用模式，可以通过 $lookup 连接（译者注：MongoDB 中通过 $lookup 执行连接操作，相当于关系数据库 SQL 查询语言中的 JOIN），从不同的集合读取多个文档，或者使用单集合模式。使用扩展引用模式避免了连接，节省了大量资源。

7)扩展引用模式的权衡。

相比简单引用另一个对象，维护更多的信息意味着产生重复数据。这种重复是有代价的；但是如果额外字段不是可变值，那么代价也可以最小化。

7)扩展引用模式总结。

当嵌入和引用都不是最佳方案时，扩展引用模式是一个不错的解决方案。它非常适合多对多关系的建模。关于扩展引用模式的总结见表 26。

表 26　扩展引用模式

问题	读取操作中的连接太多，影响性能 嵌入导致文档太大
解决方案	识别用于最常见读取操作的连接字段 将这些字段作为嵌入的子文档复制到主文档中
使用案例	目录 移动应用程序 实时分析
优点	更快的读取 更少的连接和查找
权衡	可能创建数据重复

（9）图模式

当一个项目需要处理大量数据时，比如搜索文本描述，建立对象之间的有向关系，以及进行许多高速查询的情况，可以结合图数据库、搜索数据库及 MongoDB（译者注：文档数据库）的组合来完成项目（译者注：这样可以利用不同数据库的特长和优点）。这个解决方案对于软件工程师来说看起来很酷，但运维团队可能不喜欢，因为多种数据库将引入更多系统风险点及维护工作量。

如果应用程序确实需要许多不同模型的专业能力，那选择多个数据库或平台则是必需的。但是，对于一些不太关键的特殊需求，则应考虑使用尽可能少的数据库系统。MongoDB 的优势在于提供了相应的特性来涵盖部分图数据库的功能。

本节介绍的图模式描述了如何在文档模型中表示图的数据结构，并使用 MongoDB 来帮助遍历图数据。

1）图模式总体描述。

图模式（Graph Pattern）可以在文档之间进行图操作。它允许设计一个以 MongoDB 作为唯一数据库的应用程序，不再需要将信息同步到第三方图数据库，使得系统架构更加简洁。

需要文档数据库功能和图处理功能的应用程序可以从此模式中受益。例如，客户与银行交易的系统可能需要这种能力来进行欺诈风险管理。

如果关系查询不是很复杂且需要优先考虑性能时，则可以考虑使用单集合模式满足类似需求。

图模式有以下变体。

- 引用传出边（子节点）。
- 引用传入边（父节点）。
- 引用所有边。

2）图模式详解。

图可以是有向的或无向的。对于有向图，每个节点都有一个父节点（传入边）列表和子节点（传出边）列表。对于无向图，每个节点都有一个连接（边）列表。

在建模有向图时，可以只对关系的"一"方进行建模。这种更简单的表示需要知道图的起点并始终仅以一个方向遍历图。仅对关系的"一"方进行建模的优点是可以避免数据重复。

当表示一个关系的两端时，两个节点都描述它们之间的边；必须同时更新两个节点以保证数据一致性。为了说明这些变体情况，下面利用图82所示的例子进行说明。

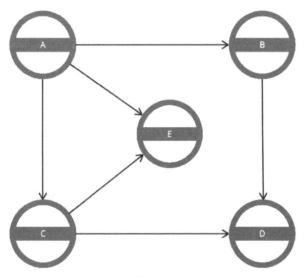

图82　图模式模型示例1

这个图是"循环的"，因为它包含至少一个循环(A ⇒ C ⇒ E ⇒ A)。在使用任何递归遍历这类图形时，都需要仔细处理"循环"图。

要在 MongoDB 中处理循环图，请使用 $lookup 聚合功能。在这个阶段，可以设置最大深度参数 maxDepth，以避免递归或在图中遍历太多级别。

变体 A：引用传出边(子节点)

这种变体适用于有向图。只使用子节点的关系对图进行建模。建模的文档如下所示。

```
{ "_id": "A", "children" : [ "B", "C" ] },
{ "_id": "B", "children" : [ "D" ] },
{ "_id": "C", "children" : [ "D", "E" ] },
{ "_id": "D", "children" : [ ] },
{ "_id": "E", "children" : [ "A" ] }
```

上述文档的模型如图 83 所示。

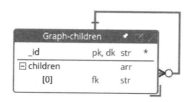

图 83　图模式模型示例 2

以下聚合查询将为每个节点检索所有后代。

```
db.pattern_graph_children.aggregate([
  {
    $graphLookup:
     {
       from: "pattern_graph_children",
       startWith: "$children",
       connectFromField: "children",
       connectToField: "_id",
       as: "descendants",
       maxDepth: 20,
     },
  },
])
```

通过在第一个阶段的聚合中添加一个过滤器 ｛ $ match：｛"_id"："A"｝｝，还可以指定特定要查找其后代的节点，从而将遍历限制在一个节点上。

变体 B：引用传入边（父节点）

此变体适用于有向图。只使用父节点的关系对图进行建模。建模的文档如下所示。

```
{ "_id": "A", "parents" : [ "E" ] },
{ "_id": "B", "parents" : [ "A" ] },
{ "_id": "C", "parents" : [ "A" ] },
{ "_id": "D", "parents" : [ "B", "C" ] },
{ "_id": "E", "parents" : [ "C" ] }
```

上述文档的模型如图 84 所示。

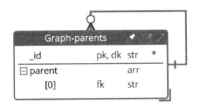

图 84　图模式模型示例 3

以下聚合查询将为每个节点检索所有祖先。

```
db.pattern_graph_parents.aggregate([
  {
    $graphLookup:
     {
       from: "pattern_graph_parents",
       startWith: "$parents",
       connectFromField: "parents",
       connectToField: "_id",
       as: "ancestors",
```

```
    maxDepth: 20,
    },
  },
])
```

变体 C：引用所有边

引用所有边的变体对边的两侧进行建模。这种变体为遍历图提供了更高的灵活性，但是，它需要在添加或删除关系时更新两个节点。

使用"引用所有边"变体为有向图建模如下。

```
{"_id":"A", "parents":["E"], "children":["B", "C"]},
{"_id":"B", "parents":["A"], "children":["D"]},
{"_id":"C", "parents":["A"], "children":["D", "E"]},
{"_id":"D", "parents":["B", "C"], "children":[ ]},
{"_id":"E", "parents":["C"], "children":["A"]}
```

上述文档的模型如图 85 所示。

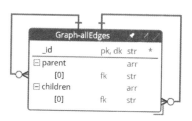

图 85   图模式模型示例 4

对无向图进行建模可以使用以下模式。

```
{ "_id": "A", "edges" : [ "B", "C", "E" ] },
{ "_id": "B", "edges" : [ "A", "D" ] },
{ "_id": "C", "edges" : [ "A", "D", "E" ] },
{ "_id": "D", "edges" : [ "B", "C" ] },
{ "_id": "E", "edges" : [ "A", "C" ] }
```

上述文档的模型如图 86 所示。

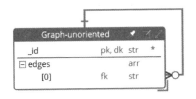

图 86　图模式模型示例 5

可以通过以下示例查询从节点 A 的边遍历完整图。

```
[
  {
    $match:
     {
       _id: "A",
     }
  },
  {
    $graphLookup:
     {
       from: "pattern_graph_edges",
       startWith: "$edges",
       connectFromField: "edges",
       connectToField: "_id",
       as: "connections",
       maxDepth: 10
     },
  },
]
```

3) 实现图模式。

要实现图模式，请执行以下步骤。

① 确定哪种变体在性能和数据冗余的开销之间取得最佳的

平衡。

② 在非定向图中，创建一个包含与链接节点相关的引用的字段；在有向图中，创建两个跟踪祖先和后代的字段。

③ 根据需要创建脚本或触发器来更新相关依赖项。

4) 应用图模式的宠物收养项目示例。

宠物收养项目的一个要求是跟踪宠物的母亲和父亲的信息。如果只跟踪母亲和母亲的母亲(外祖母)等，可以使用树模式。但是，在这个用例中，假设在某些情况下也需要跟踪父亲的数据，系统就必须用图模型来为祖先关系建模，因为一个节点(宠物)可能存在两个已识别的父母。这就需要使用有向图对关系进行建模，以保留父子信息。

```
//几个宠物文档
// Fanny
{
    "_id": "dog19370824",
    "name": "Fanny",
    "sex": "female",
    "relatives": {
        "mother": "dog19350224",
        "father": "dog19360824"
    }
},
// Fanny 的母亲
{
    "_id": "dog19350224",
    "name": "Perdita",
    "sex": "female",
    "relatives": {
        // No info. She was a rescued dog
    }
},
```

```
// Fanny 的父亲
{
    "_id": "dog19360824",
    "name": "Pongo",
    "sex": "male",
    "relatives": {
        // No info. He was a rescued dog
    }
},
// Fanny 的第一个孩子
{
    "_id": "dog20200110",
    "name": "Finn",
    "sex": "female",
    "relatives": {
        "mother": "dog19370824"
    }
},
// Fanny 的第二个孩子
{
    "_id": "dog20201206",
    "name": "Canuck",
    "sex": "male",
    "relatives": {
        "mother": "dog19370824"
    }
}
```

上述文档的模型如图 87 所示。

以下操作可以通过查看将 Fanny 作为母亲的文档来找到它的孩子。

```
db.pets.find({"relatives.mother":"dog19370824"})
```

试图找到 Fanny 的所有后代变得稍微复杂一些。通过子节点向下遍历图会简单些，所以设计时可以添加一个字段来跟踪子节点。显然，文档中出现了数据重复，但是这种异常几乎不需要维护，因为这个父子关系不会随时间的推移而改变。

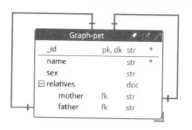

图 87　图模式模型示例 6

```
//Fanny 和它的孩子们
{
    "_id": "dog19370824",
    "name": "Fanny",
    "relatives": {
        "mother": "dog19350224",
        "father": "dog19360824",
        "children": [ "dog20200110", "dog20201206"]
    }
},
```

上述文档的模型如图 88 所示。

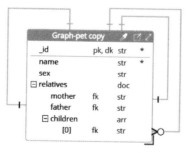

图 88　图模式模型示例 7

使用 MongoDB 的 $graphLookup 功能，可以通过以下查询方式为每个宠物找到其所有后代。

```
db.pet.aggregate([
    {
        "$graphLookup": {
            "from": "pet",
            "startWith": "$relatives.children",
            "connectFromField": "relatives.children",
            "connectToField": "_id",
            "as": "descendants",
            // limit the recursion in case we have
            // bad circular links in the dataset
            "maxDepth": 10
        },
    },
])
```

5）图模式的优点。

如果图数据的操作需求很少，应该避免使用额外的图数据库系统，而直接使用 MongoDB 中对象之间的定向关系进行建模。随着时间的推移，这种部署模式的解决方案将使整个系统更易于管理。

6）图模式的权衡。

$graphLookup 的成本（译者注：计算成本）很高，因为它需要执行连接操作，设计中应该避免在高频或低延迟查询的业务中使用该功能。

另一个问题是使用多级关系的变体会导致信息重复。例如，A—B—C 连接会在 B 对象中重复到 C 的连接。如果连接发生变化，就需要修改几个文档。像 A 指向 B、B 指向 A 这样的双向关系也可能导致完整性问题，因为仅删除两个链接中的一个，会破坏数据的完整性。

7) 图模式总结。

图模式允许在不使用单独的图数据库的情况下对对象之间的图关系进行建模。关于图模式的总结见表 27。

表 27　图模式

问题	应用程序需要少量的图操作
解决方案	引用一个或多个父文档、子文档和祖先文档的组合
使用案例	人际关系 任何图关系
优点	避免使用单独的数据库系统进行少量图操作
权衡	$graphLookup 是一个成本较高的连接操作 将出现更多冗余的数据

(10) 继承模式

继承模式 (Inheritance Pattern) 过去也称之为多态模式 (Polymorphic Pattern)。随着设计中单集合模式 (Single Collection Pattern) 的出现，将这个模式重新命名为继承模式，在模式分类中将其分类归入"多态性"的类别。

1) 继承模式总体描述。

继承模式允许存储共享一组查询字段但每两个文档之间差异很大的文档。此模式对于合并许多遗留系统的数据库或第三方来源数据的场景非常有效。另一种常见场景是将类似的事物组合成一个集合。例如：合并汽车、房屋和个人贷款，或者将电影、电视节目和网络研讨会归类合并到一个集合中。

如果跨许多文档类型的查询不是主要关注点，或者业务不适合用分组的方式进行数据管理，则可能需要不同的集合来存储这些对象。关于作为一个整体查询多个集合的信息的操作方法，请参阅 MongoDB 文档中的聚合框架的 $union 部分内容。

2）继承模式详解。

传统的关系数据库表示继承关系时，通常用一个包含不同对象的公共部分（如一个字段或多个字段的组合）的表来实现模型继承。然后在建模时为每个特殊化对象类型建立一个独立的表。类似地，在源代码中，公共部分称为"超类"或"父类"。子类从父类继承并实现每种类型的特殊化。

文档的多态性允许 MongoDB 将不同的对象组合在同一个集合中。是否要将对象组合在同一集合中，取决于对以下问题的回答：是否需要跨这些文档进行查询？例如，产品目录包括衬衫、书籍和鞋类等产品。如果想一起查询这些产品，它们应该在同一个集合中。

跨产品查询意味着产品类型的公共字段多于差异字段。对于不同的产品，价格、识别产品编号和网站购物者的需求等，都是将文档放在同一集合中的充分理由。

一种推荐的文档布局是将通用字段（price、product_id 等）放在文档的根目录中，并将特定字段放在子文档中。例如，一本书可能有一个 book 子对象，而一件衬衫可能有一个 shirt 子对象。这样，将<object>.book 子文档传递给知道如何处理这个部分的代码段落，可以使代码更简洁。其他调用代码并不需要知道 book 子文档的内容。

多态性也可能出现在对象的某些部分中。例如，书籍和衬衫都有尺码，但是，两个实体的单位或描述大小的方式不同。同样，使用子对象可以更好地封装其差异性，可以更好地组织对象的信息。

```
//书籍产品文档
{
    "_id": "10238845",
    "object_type": "book",
    "price": "49.99",
    "book": {
        "author": "SteveHoberman",
        "publisher": "Technics Publications",
        ...
    }
    "size": {
        "width": "20 cm",
        "height": "30 cm",
        "depth": "2 cm"
    },
    ...
},
//衬衫产品文档
{
    "_id": "10237777",
    "object_type": "shirt",
    "price": "49.99",
    "shirt": {
        "fabric": "cotton",
        ...
    }
    "size": {
        "code": "large"
    },
    ...
}
```

图 89 所示为上述文档的模型。

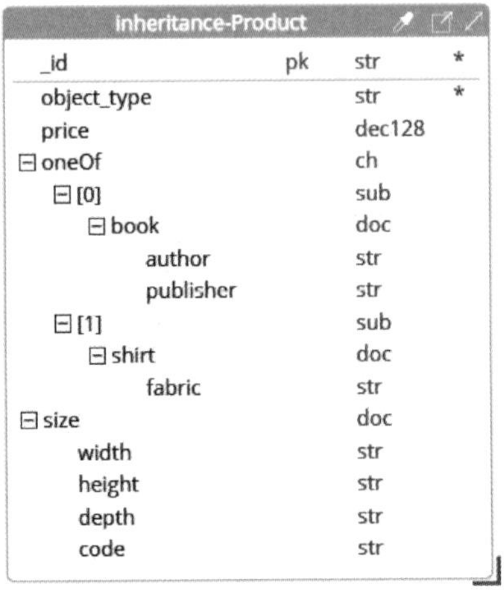

图 89 继承模式模型示例 1

3）实现继承模式。

要实现继承模式，请执行以下步骤：

① 识别应组合在一起的集合或实体。

② 识别这些对象之间的公共字段，并将这些字段放在文档的根目录中。

③ 识别按对象类型变化的字段，并将这些字段放在子文档下。

④ 添加一个字段 obj_type 来跟踪对象类型。

4）应用继承模式的宠物收养项目示例。

在宠物收养项目中，希望能够查询所有鸟类、猫和狗的受欢迎程度、领养情况等信息。因此，宠物集合实现了继承模式。它包含不同但相似的对象：鸟类、猫和狗。此外，我们添加了一个pet_type 字段，并将每个宠物类型的特定字段分组到一个子对象中。

如果不使用这种模式，将分别为鸟类、猫和狗对象创建三个集合。

下面是每个宠物类型的文档示例。

```
//鸟类宠物文档
{
    "_id": "bird102345",
    "pet_type": "bird",
    "pet_name": "Birdie",
    ...
    "bird": {
        "bird_exotic_indicator": false
    }
},
//猫宠物文档
{
    "_id": "cat108545",
    "pet_type": "cat",
    "pet_name": "Tiger",
    ...
    "cat": {
        "cat_declawed_indicator": false
    }
},
//狗宠物文档
{
    "_id": "dog102345",
    "pet_type": "dog",
    "pet_name": "Rex",
    ...
    "dog": {
        "dog_good_with_children_indicator": true
    }
},
```

图 90 所示为上述文档的模型。

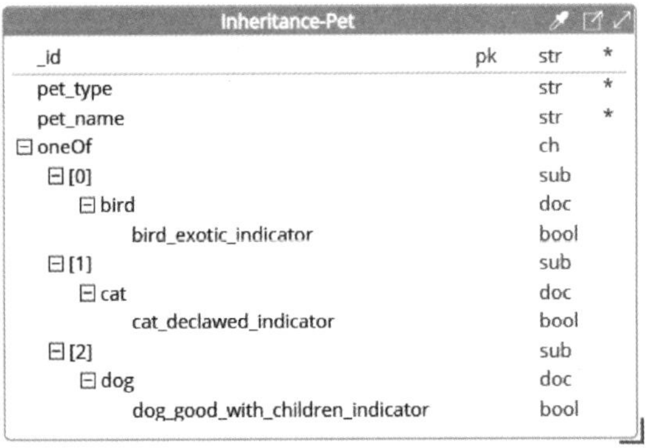

图 90　继承模式模型示例 2

5）继承模式的优点。

继承模式易于实现。最重要的一步是将想要一起查询的对象进行分组。然后，可以选择在这些对象中创建一个子对象，以隔离事物之间的显著差异。

如果文档均位于同一个集合，查询将更简单和直接。当然，MongoDB 也有方法可以查询不同集合中的文档，使用公共集合的方法，还将带来额外的好处，例如可以借助 Atlas Search 功能。

使用 Atlas Search 可以同时查询多个集合，然而，这可能会增加复杂性并带来一些潜在的限制。因此，首选方案还是基于单个集合进行查询。

6）继承模式的权衡。

设计人员必须在常规索引、稀疏索引和部分索引等几种方案之间进行选择。特别是对于集合中某些文档类型不为空的字段，建立索引时需要注意一些关键的技巧。

请参阅 MongoDB 文档以了解可用索引的更多信息。理解 MongoDB 各类索引能力是设计人员的必备知识之一。

每种索引都有其优缺点。例如，常规索引会为所有文档插入一个条目。如果文档中不存在该字段，则该值为 null，这可能导致区分有效的 null 值和字段不存在变得更加困难。

7) 继承模式总结。

继承模式利用了文档模型中多态性的基本特性。该模式允许在单个集合中保留差异很大但共享特性的文档，让那些重要的公共字段可以方便地进行读取及查询操作。关于继承模式的总结见表 28。

表 28　继承模式

问题	文档之间有大量相似的内容 需要根据它们的相似之处查询文档
解决方案	将文档保存在单个集合中 使用一个字段来标识文档类型 (可选)使用一个结构保存共性内容，另外一个结构用于保存差异内容
使用案例	单视图 产品目录 内容管理
优点	易于实现 允许跨单个集合查询
权衡	二级索引可能需要产品类型字段。查询必须包含此字段才能使用索引

(11) 异常值模式

首先请思考以下示例，以更好地描述上下文。公司希望设计下一代社交媒体消息应用程序，以取代 Twitter。在这个系统中应该将贾斯汀·比伯[8]作为系统的典型代表用户来进行设计吗？

假设公司的目标是吸引地球[9]上的 80.23 亿人口使用这个新系统。在这种情况下，应该关注的是社交媒体网络的典型用户的特征。每个典型用户可能只有几十个关注者，而流行歌星可能有上百万的关注者。

在这样的系统中，大受欢迎的艺术家(如上面提到的流行歌手)将被称为"异常值"。异常值具有与众不同的特性。异常值的问题在于它们不代表典型情况。

在考虑异常值时，它们会扭曲整体人群。一些指标如"均值"可能没有太大意义。这种情况也不一定总是问题，很多情况下这样的偏差效应小到可以忽略不计。

然而，在处理大数据时，异常值与"正常值"之间的差异可能是巨大的，除了数字方面，还在于它们对应用程序设计的影响。

1) 异常值模式总体描述。

异常值模式(Outlier Pattern)用于处理或应对很小概率会出现的情况。通过应用此模式，解决方案在大多数情况下会有良好的表现(例如 99%，甚至以上)。

为社交网络系统进行建模，或应用系统中面对偶尔存在的特殊对象，此模式会很有帮助。

但这个模式可能会导致应用代码变得更为复杂，如果无法接受这一点，请考虑改用桶模式。

8　加拿大男歌手，提及他的目的是暗示出版物的时效性。

9　这里是对出版物时效性的另一个暗示。

2) 异常值模式详解。

异常值模式不是 MongoDB 的特性。任何其他数据库也可以通过异常值模式达到相同的效果。但是，对这种优化的需求通常出现在大数据应用程序中，因此往往在 MongoDB 这样的 NoSQL 数据库使用异常值模式。

该模式的本质是找到问题的最佳解决方案，就像异常值不存在一样。然后我们为异常值定义不同的解决方案。

例如，回到上面的社交网络应用示例，我们可以嵌入指定用户的扩展引用数组 (最多 1000 个关注者)。任何关注者数量超过 1000 的用户都会有一个字段来标识它是一个异常值，例如" has_more_followers" : true。在检索用户文档时，代码会看到此字段并发出第二个查询以获取更多关注者。额外关注者的列表可以放在另一个集合中。通常可以与桶模式结合使用来对大量额外的关注者进行建模。

偶尔运行第二个查询将比为每个用户都运行两个查询有更好的性能表现。需要使用真实的应用工作负载 (甚至进行压力测试) 来验证这个假设。如果这些异常值驱动了太多的查询，则假设可能是不正确的，或者节省的资源非常小，以至于不值得为此增加复杂性。

在异常值模式中，通过在代码中运行两次查询获得数据是非常简单和清晰的。然而，在需要通过单个查询搜索所有文档时，却会增加其查询设计的复杂性。例如在试图构建临时查询的业务中，生成汇总数据的聚合查询，其编写过程非常具有挑战性。同样，在实现此模式之前，我们需要评估这些异常值对分析带来的影响。

3) 实现异常值模式。

要实现异常值模式，请执行以下步骤：

① 识别声明某些文档为异类的阈值。一个好的规则是文档的 1% 或工作量的 1%。

② 在所有文档的根信息中添加一个字段，如：is_outlier。

③ 使用附加文档或桶模式来存储溢出主文档的附加信息。

④ 确定附加信息的位置，可以是同一集合或附加集合。

⑤ 修改代码，以不同方式查询和处理异常值。

4) 应用异常值模式的宠物收养项目示例。

应用程序的一个要求是将与宠物的交互信息保存在数组中。将过去 7 天内这些交互信息直接保存在宠物（Pet）集合中。这种设计对于跟踪大多数宠物的交互很有效，但对于部分明星宠物则不然，它们在过去一周中可能记录了成千上万次交互。如果我们决定将交互移动到不同的集合中并使用多个文档，那么每查看一只宠物，系统就必须消耗更多的连接资源。因此，设计师决定保留最初的模型，并为过去 7 天内交互超过 100 次的宠物创建一个溢出集合。宠物（pet）和额外交互（additional_interaction）集合中的文档如下所示。

```
//带有典型交互数量的宠物文档
{
    "_id": "dog19370824",
    "name": "Fanny",
    "interactions": [
        {
            "ts":ISODate("2023-02-14T22:14:00Z"),
            "userid": 34717
        },
```

```
        {
            "ts":ISODate("2023-02-15T20:00:00Z"),
            "userid": 31043
        }
    ]
}
```

图 91 所示为上述文档的模型。

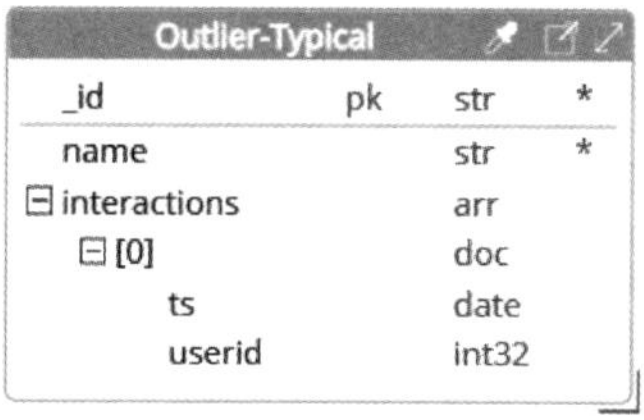

图 91　异常值模式模型示例 1

```
//带有典型交互数量的宠物文档
//将其建模为异常值
{
    "_id": "bird102345",
    "name": "Lady G",
    "has_more_interactions": true,
    "interactions": [
        {
            "ts":ISODate("2023-02-01T20:14:00Z"),
            "userid": 34718
        },
        {
            "ts":ISODate("2023-02-01T20:00:00Z"),
            "userid": 31843
        }
        ...
    ]
}
```

图 92 所示为上述文档的模型。

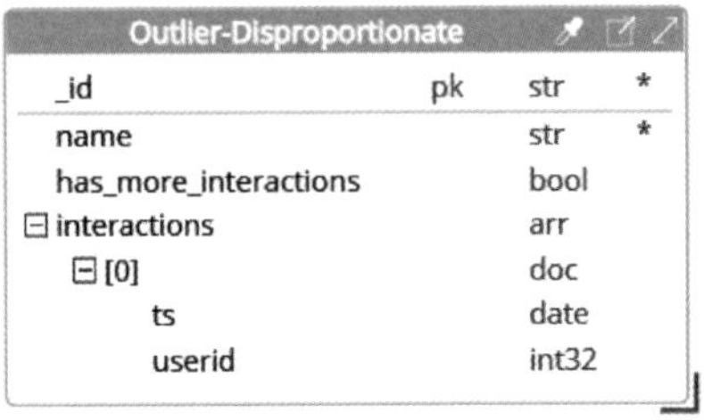

图 92　异常值模式模型示例 2

```
// Lady G 的其他交互文档
{
    "_id": ObjectId('6358d092eb317a6b52baf752'),
    "pet_id": "bird102345",
    "name": "Lady G",
    "interactions_sequence": 1,
    "interactions": [
        {
        "ts":ISODate("2023-02-01T21:15:00Z"),
        "userid": 34718
        },
        {
        "ts":ISODate("2023-02-01T21:02:00Z"),
        "userid": 31893
        }
        ...
    ]
},
{
    "_id": ObjectId('6358d092eb317a6b52baf758'),
    "pet_id": "bird102345",
    "name": "Lady G",
```

```
"interactions_sequence": 2,
"interactions": [
    {
    "ts":ISODate("2023-02-01T22:15:00Z"),
    "userid": 34768
    },
    {
    "ts":ISODate("2023-02-01T22:02:00Z"),
    "userid": 34593
    }
    ...
]
}
```

图 93 所示为上述文档的模型。

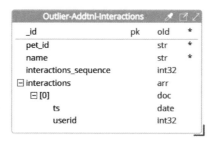

图 93　异常值模式模型示例 3

以下查询将提取所有交互信息，并形成单独的文档，报告给定宠物的计数。

```
db.pet.aggregate([
  {
    $match:
      {
        _id: "bird102345",
      },
```

```
  },
  {
    $unionWith:
      {
        coll: "pattern_outlier_ext",
        pipeline: [
          {
            $match: {
              pet_id: "bird102345",
            },
          },
        ],
      },
  },
  {
    $unwind:
      {
        path: "$interactions",
      },
  },
  {
    $count:
      "nb_interactions",
  },
])
```

5）异常值模式的优点。

异常值模式的主要优点是关注系统的整体性能。它不是从利用底层优化，而是以牺牲少数查询为代价，使大多数查询运行更快。

6）异常值模式的权衡。

支持此模式的工作是在应用程序中完成的，代码会变得更加复杂。例如，在检测到异常文档时，应用程序需要运行附加查询并对结果进行分组。显然，需要添加和维护这些额外的代码。

需要在所有文档上运行的临时查询(如分析查询)将更具挑战性。代码中的相同查询也会更复杂。

7)异常值模式总结。

异常值模式是以不同的方式处理少数文档，以防止异常数据造成模型中的整体性能不佳，甚至退化为非最优的解决方案。关于异常值模式的总结见表29。

表29　异常值模式

问题	极少量的几个文档会导致常规运行过程变得异常
解决方案	实现一个对大多数文档进行优化建模的解决方案 用一个字段标识异常值文档 在应用程序中以不同的方式处理异常值文档
使用案例	社交网络 一对多或多对多关系在中位数和95百分位至99百分位之间有很大差异的情况
优点	对系统的大多数用例，获得最优化的解决方案
权衡	必须在应用程序中处理 可能会给代码增加复杂性 临时查询或分析查询的难度会增加

(12)预分配模式

航空公司和租车公司的业务系统，都是此模式的适用场景。例如，应用程序中每个座位或每辆汽车都是一个与客户直接相关的元素，要确保预订机票或出租车的乘客确切地订到了他们预订的座位或车辆。不幸的是，预测模型通常仅关注匹配客户的需求和可用性。最终的结果是，客户确实得到一辆汽车，只是这并不是客户想要的那辆。

1）预分配模式的总体描述。

预分配模式（Preallocated Pattern）为文档（主要是数组）的一个部分预留空间，以接收未来的数据。具有固定对象集（如票证、座位和房间）的应用程序可以从这种模式中受益。类似地，可以通过固定数量的时段来表示资源的时间可用性，并为每个时段分配一个子对象。

此模式的相关性通常与数据库引擎执行更新的方式相关。对于具备高并发能力特性的数据库系统，通过每个对象对应一个文档或桶模式，以避免并发导致的性能问题。

使用 MongoDB 最新版本的应用程序已经不太推荐使用此模式。但是，在 MongoDB 的早期版本，特别是基于 MMAP 存储引擎的版本，经常需要借助此模式以获得更好的性能。因为修改导致文档持续增长的场景中，都可以使用该模式。

2）预分配模式详解。

在 MongoDB 的早期，存储引擎会将文件映射到内存中。而尝试读取在内存中不存在的页面，会触发操作系统将该页面读入内存。这是数据库存储引擎常用的经济且快速的方法。

这个设计下，文档只能扩展到下一个相邻文档之前的空闲空间。如果文档增长变得更大，会要求推移文件中的所有文档。这种重新分配空间的工作成本非常高，所以解决方案是将文档移动到一个更大的空闲位置或文件末尾。移动文档会导致一个问题，即更新对它的引用。因此，一种热门模式就是预先分配一个更大的文档以容纳其未来可见的增长。

这种预留空间的概念类似于传统关系数据库，例如预先定义字符串的大小。进行表格字段设计时，可以通过分配多于需要的空间来存放可能发生增长的字段、文档和对象。

预分配模式的另一个用例是初始化数组、单元格和映射。如果预期的元素存在，并具有 null 值而非测试数据是否存在，那么应用程序的代码可能更易于编写和理解。例如，如果要在文档中存储指标的每日值，则分配一个具有 31（或 28、29、30）个元素的数组可能会更容易一些。在这种情况下，空间使用得当，因为到月底所有的空间都会被使用。

3）实现预分配模式。

执行以下步骤来实现预分配模式：

① 估计对象的最终大小。

② 决定是使用一个还是多个文档来建模。

③ 使用最终的维度创建数组字段。

④ 或创建空字段作为占位符。

⑤ 当存储引擎使用就地更新的策略时，在每个单元格中放置一个虚拟值，以防止更新扩大文档。

4）应用预分配模式的宠物收养项目示例。

宠物收养应用程序的其中一个要求是跟踪哪只宠物当前（或未来）会入住哪个房间（或笼子）。两种可能的解决方案是：

- 每个房间一个文档，时间上跨越多天。
- 每天一个文档，每个文档包含所有房间。

以上两种解决方案，都可以使用预分配模式，因为宠物被收养、行为不端或需要新的玩伴都是移动宠物的驱动条件。所以，应该采用第二种解决方案，因为宠物会频繁交换位置的情况下，第二种解决方案的实际运行效果更好，并且管理员也必须知道某只宠物在某一时间段内的确切位置。

解决方案将为宠物之家的所有房间和可用位置创建为一个数组。

```
//分配了一些宠物的房间文档
{
    "_id": "2023-03-03",
    "rooms": [
        { "no": "101", "capacity": 2, "current": 2,
          "pets": ["dog204856", "dog178333"] },
        { "no": "102", "capacity": 3, "current": 0,
          "pets": [] },
        { "no": "103", "capacity": 4, "current": 0,
          "pets": [] },
        ...
    ]
}
```

图 94 所示为上述文档的模型。

这个设计中有几件事值得注意。首先，没有宠物居住的房间仍在数组中。这是预分配模式的本质特征，使用这一模式将更容易为应用程序开发做好准备，即对没有宠物占用的房间填充零值或空数组，而不用在应用程序中检测房间是否为空。

Preallocated		
_ld	pk	date *
⊟ rooms		arr *
⊟ [0]		doc
no		str *
capacity		int32 *
current		int32 *
⊟ pets		arr *
[0]		str
[1]		str

图 94 预分配模式模型示例

current 字段表示宠物数组元素数量的重复数据。这个字段易于计算和更新，并且相比于每次需要时重新获取并计算，直接读取一个现成的数值性能显然更好。对于在一个字段上执行的读取操作多于写入操作的系统，这种设计很典型(有关预计算的详细信息，请参阅计算模式）。

5）预分配模式的优点。

允许物理就地更新的存储引擎通常无法很好地处理将文档移动到另一个位置的问题。这种模式通过适当地初始化文档和允许就地更新来防止这样的移动。

对于 WiredTiger（MongoDB 当前默认的存储引擎），已经不再使用就地更新的策略。WiredTiger 中的更新操作会创建文档的新版本。

6）预分配模式的权衡。

为防止文档移动，预分配模式会占用大量不必要的空间。因此，在文档可能保持稀疏填充的情况下，例如一个有 10 000 个元素的数组只使用了 1000 个单元格，使用稀疏数组将是一个更好的解决方案。

7）预分配模式总结。

预分配模式可以防止文档大小增长。此模式的实用性在很大程度上取决于存储引擎[10]的内部实现策略。关于预分配模式的总结见表 30。

表 30　预分配模式

问题	一些数据库存储引擎中，不断增长的数组可能会导致性能不佳
解决方案	创建具有固定维度和可选空值的空数组，以防止文档增长
使用案例	分配座位图 安排房间

10　MongoDB 4.0 及更早版本中的旧存储引擎（MMAP）采用就地更新的策略。新的存储引擎（WiredTiger）为每个更新重写文档，减少了对此模式的依赖。

（续）

优点	使用物理就地更新的存储引擎时，防止将文档频繁移动到新位置
权衡	需要创建更大的文档

（13）模型版本模式

不少 DBA 都做过"Alter Table"的噩梦。在有限的停机时间内，修改关系数据库模型（译者注：表结构）或执行复杂任务往往都是噩梦般的存在。

模型版本模式（Schema Versioning Pattern）可以在这样的场合下提供帮助，它使得修改应用程序的模型过程更加顺畅。

当应用程序使用数据库时，问题往往不是"未来是否会更新模型?"，而是"什么时候会更新模型?"。几乎所有应用程序在其生命周期中都有更新数据库模型的需求。

然而，这些更新需要时间，甚至需要关系数据库停机。如果重新启动数据库服务时遇到任何故障，则可能很难恢复到迁移之前的状态。

1）模型版本模式总体描述。

模型版本模式在文档中设置一个框架，实现模型无缝迁移。该模式很简单。工作发生在管理许多文档版本的应用程序中。好处是几乎所有模型更改都不会停机。

需要零停机运行的所有应用程序都可以使用此模式。

如果应用程序可以接受停机，则可以使用传统的模型和数据迁移方式。

2）模型版本模式详解。

在传统关系数据库中，在某一时点整个模型只有一个版本。

如果各个表都是独立的，可以认为在某一时点每个表也只有一个版本。文档数据库可以在版本模式上走得更远。由于文档本质上是多态的，不同结构的文档可以同时存在于一个集合中。每个文档都有自己的模型。换句话说，每个文档都可以有自己的模型版本。这对文档模型来说是一个优势。在传统关系数据库中进行表结构变更时，要从一个模型版本迁移到另一个版本，这个操作往往需要锁定或关闭传统关系数据库。从文档数据库的角度来看，可以一次迁移一个文档，不会发生停机时间。连续的结构调整可以持续几分钟或几天，过程中无须进行任何停机或锁表的操作。

模型版本模式仅需要为每个文档保留一个模型版本号。文档的第一个版本可以省略模型版本号，因为缺省的模型版本号为 1。

其余的工作与应用程序和执行迁移的维护操作有关。

在应用程序方面，需要添加代码以支持当前版本和即将推出的版本。可以将代码更改分为两种：处理不同结构的文档以显示或处理数据和独立的查询。其中，独立的查询应该可以适应不同的文档结构。这样的确会使查询变得更加复杂，并且业务系统可能会要求在迁移文档的期间只允许有限数量的查询工作。

迁移操作首先要部署支持两种文档结构的新应用程序。然后，可以选择通过脚本迁移文档，或在更新文档时迁移文档[11]。另一种策略是所有文档都不迁移，这需要在应用程序中保留处理两个版本的代码，直到更新完指定版本的所有文档。我们更推荐第一种策略，即迁移所有文档。然而，当数据量庞大，如拥有数

11　一些拥有大型数据库的客户选择了只更新仍相关的文档的策略。这些文档会在更新时进行结构调整。

十亿文档的场景下，会更倾向于选择第二种策略。

最后，关键词是策略。如果停机时间可以接受，我们将自行决定如何进行迁移。

3）实现模型版本模式。

要实现模型版本模式，请执行以下步骤：

① 在要迁移的集合文档中添加一个 schema_version 字段。

② 在应用程序中添加代码来处理文档的当前结构和未来结构。

③ 在进行迁移时递增 schema_version 中的版本号。

4）应用模型版本模式的宠物收养项目示例。

如前所述，该模式的应用非常简单。实施的困难和工作量在于迁移过程需要编写额外的临时代码。

假设项目需要通过特征、评论和描述来搜索宠物名称或品种，这时我们可以选择使用 Atlas Search 或任何基于 Lucene 的搜索引擎功能。为了实现这个需求，并让搜索索引的维护工作更简单，可以修改文档的结构，将大多数搜索条件分组到一个子文档中。这里用"大多数"来表述，是因为当中有一些内容可能需要留在文档的根目录中。另外，为了管理方便，需要添加到子文档中的字段可以自动索引到搜索引擎中，同时所有字段都出现在文档的根目录中。还要注意的是，这里会出现没有模型版本模式的文档，所以文档中可能没有模型版本号，这种情况可以将 schema_version 设置为"1"。文档的设计如下所示。

```
//迁移前带模型版本的宠物文档
{
    "_id": "bird102345",
    "schema_version": 1,
```

```
"pet_name": "Lady G",
"breeds": [ "Nightingale" ],
"breed_main_traits":
    [ "Found mostly in Europe",
      "European Robin",
      "Best singing bird" ],
"colors": [ "brown", "white" ]
}
```

图 95 所示为上述文档的模型。

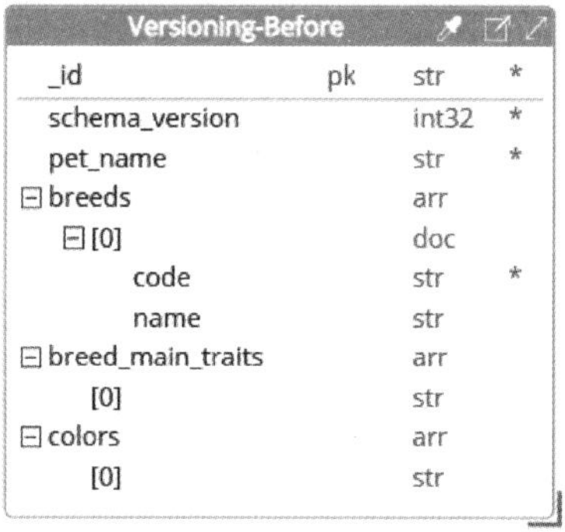

图 95　模型版本模式模型示例 1

然后，创建一个名为"searchable_attributes"的子文档，并将要启用文本搜索的属性移动到该新子文档中。

```
//迁移后带模型版本的宠物文档
{
    "_id": "bird102345",
    "schema_version": 2,
    "pet_name": "Lady G", // Part of the search index
    "searchable_attributes": {
        "breeds": [ "Nightingale" ],
        "breed_main_traits":
```

```
        [ "Found mostly in Europe",
          "European Robin",
          "Best singing bird"]
    }
}
```

图 96 所示为上述文档的模型。

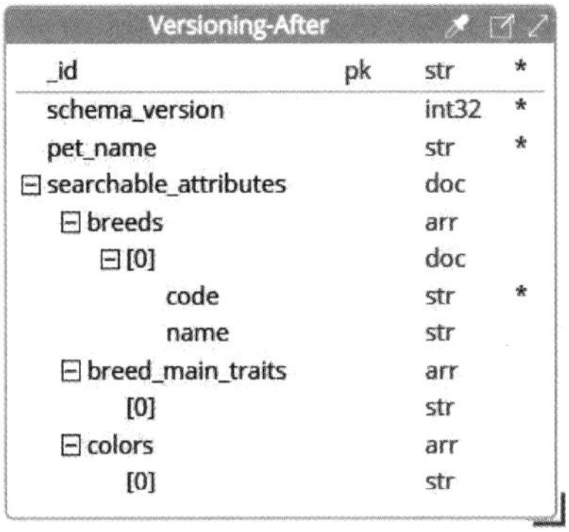

图 96 模型版本模式模型示例 2

这样，有了["pet_name","searchable_attributes"]搜索索引，就可以在集合中进行 Atlas Search 了，可以直接添加可搜索属性，而无须更新索引。

应用程序的代码需要正确处理两个版本的文档，直到完成迁移。然后，可以删除处理模型版本 1 的代码。

5）模型版本模式的优点。

如前所述，应用该模式非常简单。实施的困难和工作量在于迁移过程需要编写额外的临时代码。

这个模式是 MongoDB 最被低估的能力之一。应用这个模式及相关操作，可以在零停机的情况下实现模型迁移，这也是很多企业使用 MongoDB 的最佳理由之一。

6) 模型版本模式的权衡。

为避免停机，必须在删除处理当前版本的代码之前，添加处理新版本的代码。对于需要汇总所有文档的某些查询，可能需要运行两个查询，每个版本的文档一个，然后合并结果。

7) 模型版本模式总结。

关于模型版本模式的总结见表 31。

表 31　模型版本模式

问题	在不停机的情况下执行模型迁移
解决方案	为每个文档添加模型版本号 修改应用程序代码以处理每个模型的变体 逐步更新每个文档
使用案例	任何应用程序都无法承受任何停机时间
优点	允许在不停机的情况下迁移模型
权衡	添加临时代码复杂性以处理不同的模型变体

(14) 单集合模式

这个模式帮助亚马逊将许多应用程序从传统关系数据库向 NoSQL 数据库迁移[12]。转向 NoSQL 数据库的应用程序通常使用此模式以满足严格的性能和成本要求。

1) 单集合模式总体描述。

单集合模式 (Single Collection, Pattern) 是单表模式[13]在文档模型上的改编。单集合模式有时也称为邻接模式 (Adjacency Pattern)，

12　Rick Houlihan 领导的团队帮助其他所有团队迁移他们的应用程序。可以在网上看到他的关于单集合模式的许多演示。

13　单表模式在亚马逊的 DynamoDB 中被广泛使用。

它将本来分散在各个集合中不同类型的相关文档合并到一个集合中。这个模式有三个主要的特征。

- 所有相关文档合并到同一个集合中。
- 在指定的多个文档中，通过一个字段或数组建立起关联关系。
- 在映射关系的字段或数组上建立一个索引，支持通过一个简单的索引扫描，在单个查询中检索出所有相关文档。

在具有高性能查询或多对多关系的应用程序中，最好避免数据的重复查询，单集合模式很适合这一类场景。其中一个典型案例是，在与其他产品或组件有许多关系的产品目录场景。类似地，保险公司可以将用户、配置文件、保单、索赔和消息分组到一个集合中，实现对一组对象的快速访问。

如果可以接受多对多关系中一组字段的数据重复，则可以使用扩展引用模式。

单集合模式有以下变体：

- 使用引用数组。
- 重载字段。

2）单集合模式详解。

以购物车为例，一辆购物车包含多个商品。

变体 A：使用引用数组

首先向文档中添加字段 docType。添加该字段后，对目标文档的查询就像这些文档已经在原始集合中一样。

其次，通过在文档之间添加 relatedTo 引用数组来对关系建模。relatedTo 数组的每一条代表了对象之间的连接。在本例中，购物车（cart）文档将指向它本身和购物车中的所有商品。从关系的另一方面来看，商品(item)文档指向它们所在的购物车。

当将所有引用放在一个数组中并对其进行索引时，魔力就发生了。运行单个查询显著地提升了性能，最大限度地减少了打开大量连接和运行大量查询的开销。

下面的查询将一次检索购物车及其所有商品。

```
db.shopping_docs.find({"relatedTo": "20221206114523-125489"})
```

仅检索购物车商品的查询将使用 docType，如下所示：

```
db.shopping_docs.find({"relatedTo": "20221206114523-125489", "
docType": "item"})
```

变体 B：重载字段

另一方面，为了将物品间的关系建立成引用数组，还可以通过重载所有文档中某个字段的值(通常是_id 字段)来建模。例如，对于单个集合中的不同文档，_id 可如下：

```
// Cart   example: "20221206114523-125489"
_id: "<cartId>"

// Item     example: "20221206114523-125489/1"
_id: "<cartId>/<itemId>"
```

现在，我们可以用以下查询找到购物车。

```
db.shipping_docs.find({"_id": "20221206114523-125489"})
```

或者使用正则表达式找到购物车及其所有商品。正则表达式匹配以 cartId 开头的所有文档。

```
db.shipping_docs.find({"_id": /^20221206114523-125489/})
```

或者通过带有 cartId 和斜杠字符的查询仅搜索购物车中的商品。这个查询将过滤掉购物车文档。

```
db.shipping_docs.find({"_id": /^20221206114523-125489 \/})
```

或者

```
db.shipping _ docs. find ({ " _ id ": /20221206114523-125489/, "
docType": "item"})
```

使用_id 字段进行关系建模，需要将关系限制为一对多(没有多对多关系)。或者换句话说，层次结构的组织形式是一棵树，而不是一张图。

没有 relatedTo 数组，只有_id 字段。_id 字段始终是索引字段。我们通过重载这个字段来查找相关文档。

这个变体的一个好处是在添加子节点时不需要更新父节点。在使用引用数组的变体中，指向新子节点需要修改父节点。换句话说，关系是单向的(如图 97 所示)。

3) 实现单集合模式。

要实现单集合模式，请执行以下步骤：

① 选择与文档相关的数组或重载_id 字段来表示关系。

② 向文档添加一个 docType。

③ 将各个集合的文档放入一个集合中。

4) 应用单集合模式的宠物收养项目示例。

宠物收养应用程序需要让客户通过在线商店购买明星宠物的同款推介商品。这有点类似亚马逊，但在"宠物之家"，所有和明星宠物相关的配件或物品都包含在其中。因此，系统需要在单个集合(order_data)中保存以下不同实体之间的关系：

- 一个客户有一对多的订单。
- 每个订单有一对多的装运单。
- 每个装运单有一对多的商品。

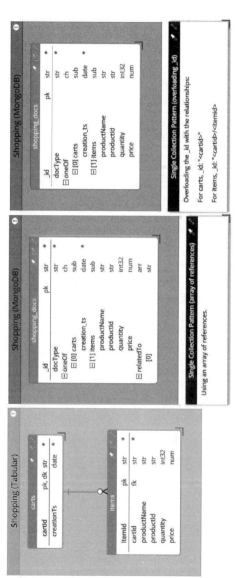

图 97　关系是单向的

因为没有多对多的关系，所以可以选择使用前面描述的两种变体。下面的例子选择使用重载字段的变体。订单的文档如下所示。

```
//客户文档
{
    "_id": "C#1",
    "doc_type": "customer",
    "customer_id": 1,
    "email": "steve_king@ thriller.com"
},
//订单文档
{
    "_id": "C#1#O#1",
    "doc_type": "order",
    "customer_id": 1,
    "order_id": 1,
    "date": "2023-03-03 13:13:13",
    "address": "1 University, Palo Alto, California, USA"
},
//第一批装运单
{
    "_id": "C#1#O#1#S#1",
    "doc_type": "shipment",
    "customer_id": 1,
    "order_id": 1,
    "shipment": 1,
    "date": "2023-03-04 14:14:14"
},
//第二批装运单
{
    "_id": "C#1#O#1#S#2",
    "doc_type": "shipment",
    "customer_id": 1,
    "order_id": 1,
```

```
    "shipment": 2,
    "date": "2023-03-05 15:15:15"
},
//第一件商品,属于第一批装运单
{
    "_id": "C#1#O#1#S#1#I#1",
    "doc_type": "item",
    "customer_id": 1,
    "order_id": 1,
    "shipment": 1,
    "item": 1,
    "product": "Gourmet cat food"
},
//第二件商品,属于第一批装运单
{
    "_id": "C#1#O#1#S#1#I#2",
    "doc_type": "item",
    "customer_id": 1,
    "order_id": 1,
    "shipment": 1,
    "item": 2,
    "product": "Litter box"
},
//第三件商品,属于第二批装运单
{
    "_id": "C#1#O#1#S#2#I#3",
    "doc_type": "item",
    "customer_id": 1,
    "order_id": 1,
    "shipment": 2,
    "item": 3,
    "product": "Litter bag - 10 kg"`
}
```

图 98 所示为上述文档的模型。

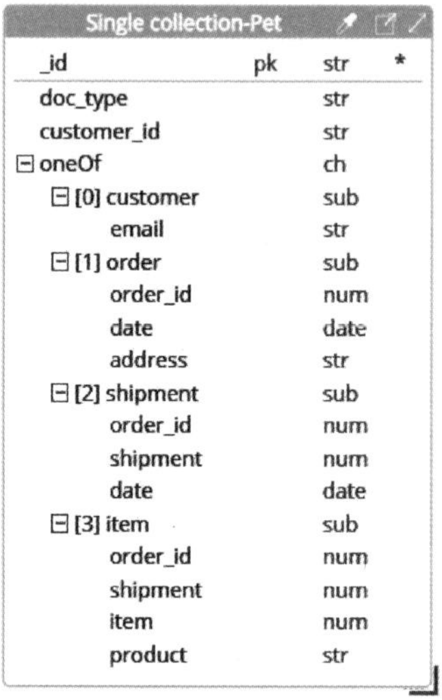

图 98　单集合模式宠物模型

　　在下面的查询中，系统简单地使用查询索引，就可以查找与此订单相关的所有文档。

```
db.order_data.find({"_id": /^C#1#O#1/})
```

　　5）单集合模式的优点。

　　这个模式的主要优点是它相对于文档间的连接查询操作提供更优的性能。对于需要高性能查询和低延迟要求的场景，这个模式都能提供很好的支持。

　　因为文档可以被分解成更小的文档，并且仍然可以保持良好的性能，所以对于多对多关系，单集合模式也是很好的候选模式。

　　6）单集合模式的权衡。

　　由于需要重载_id 或 relatedTo 数组，使用这种模式的集合看起来有些不同。某些索引可能必须替换为"部分索引",以筛选出查询不关心的其他类型的文档,并且查询需要将对象类型作为第一个字段。

与简单地将类映射到集合不同,单集合模式中必须通过某个字段(如 doc_type)过滤每个类别,并对文档中一对一嵌入的信息进行区分管理。

7)单集合模式总结。

单集合模式非常适用于高性能查询或低延迟要求的场景。它也是避免多对多关系中产生数据重复问题的绝佳模式。但是,如果解决方案更偏向于简易性而不是性能,应该优先选择嵌入或扩展引用模式。关于单集合模式的总结见表 32。

表 32　单集合模式

问题	查询具有低延迟要求,并且必须从许多实体中提取信息
解决方案	将实体放在一个公共集合中 在每个文档的 relatedTo 字段中建立实体之间的关系 对 relatedTo 字段建立索引
使用案例	产品系统 多对多关系
优点	非常适用于高性能查询 非常适用于具有低延迟要求的查询 允许使用单个查询检索需要许多查询或连接操作的文档集 在嵌入不是一个好的解决方案时,进行多对多关系建模
权衡	文档、索引和查询变得更加复杂 应用程序对象与数据库文档之间的一对一映射变得更加复杂

(15)子集模式

在一个备受欢迎的啤酒套装的产品页面中,系统出现了 36 000

条评论。朋友们，今晚我没办法和你们出去喝一杯了。我打开了打算购买的啤酒套装产品页面，竟然有 36 000 条评论要读。

对于想要购买啤酒套装的买家而言，阅读全部评论往往会比制作啤酒、发酵、装瓶和饮用所花的时间还要长。

一个优化的系统，应该能够通过一次查询就返回有关产品的所有信息，以提升系统整体的性能。因此，在产品的主页面上可以只显示一部分评论，通常只需要十几条就足够了，而不是显示全部评论。

1）子集模式总体描述。

子集模式（Subset Pattern）将来自一个或多个文档的部分信息提取出来，并将其放入相关的文档中。

在有许多大型文档的应用程序中，当只需要利用整体数据中的很小一部分时，通过这种模式会收到很好的效果。例如，可以使用此模式对产品及其最新评论进行建模，对账户及其最后的交易流水信息进行建模，对设备及其最新的测量结果进行建模，或对客户账户及其最新交互内容进行建模。

如果不希望出现重复的数据，请考虑单集合模式。

子集模式有以下变体：

- 拆分成一对多关系。
- 拆分成文档。

2）子集模式详解。

子集模式的常见案例如下：

- 从大型文档中将部分信息分离到一组文档中，并在该组文档之间建立一对一关系。
- 限制数组为部分元素。

当遇到以下三条可能有冲突的规则时，可以考虑使用此模式：

- 需要将一起使用的信息保存在一起。
- 避免读取无用数据。
- 避免连接操作。

变体 A：拆分成一对多关系

为了说明这种变体的使用，这里以电子商务为例。系统中，每个产品表示为一个文档，产品的所有评论嵌入产品文档中。这种设计的问题是如果需要获得大量评论，文档会很庞大。并且它可能违反"避免读取无用数据"的规则，因为大多数用户不会阅读所有评论。

另一种方法是将每个评论保存在不同的文档中，并拼装产品信息及评论信息。但这一方法违反了"避免连接操作"的规则。

进一步思考这个问题，可以观察到大多数客户可能只对部分评论感兴趣(如：最近的评论、高分好评或低分差评)，所以没必要获取所有评论。正确的解决方案是，在嵌入所有内容和引用所有内容之间找到一个平衡。一般来说，问题的合理解决方案往往是两种极端方案之间的解决方案。

有了这一洞察，就可以对系统进行设计。将少量客户可能关注的评论引入产品文档中。评论数可以是 5 条、10 条、20 条或更多，只要满足大多数用户的需求即可。至于放入哪些评论，可以使用最新的或最受欢迎的评论。这也取决于客户或商家认为什么内容适合在产品页面呈现。

变体 B：拆分成文档

违反"避免读取无用数据"规则的另一种情况是在处理大

型文档时，系统往往只需要使用大型文档的一小部分字段。例如，系统对产品的描述有大量复杂的字段，如果深入研究这个文档，可能会看到有一些字段永远不会在主网页上显示，但在用户想要获得有关产品更多信息时很有用。大文档从磁盘中读取时需要更多时间并在 RAM 中占用更多空间。如果数据库中有数百万个这样的文档，那么这些很少查阅的字段占用的空间就会被放大。

类似于通过卸载不必要的数据以减小文档大小的方法，我们可以将文档分成两部分，并在两个文档之间建立一对一关系。一个文档包含最常用的字段，而另一个文档包含使用频率不高的字段。

在实践中，更多使用"拆分成一对多关系"变体，因为此类文档往往由于数组的大幅增长而变大。

3）实现子集模式。

要实现子集模式，请执行以下步骤：

① 确定要拆分的数组、一对多关系或字段集。

② 对于数组，创建第二个集合以保存原始数组中的所有文档。

③ 基于业务需求，确定一套规则来定义哪些数据应该放入主文档。

④ 创建一个脚本，将数据从包含所有文档的集合中刷新到主文档。

⑤ 通过定时脚本或触发器来更新子集。

4）应用子集模式的宠物收养项目示例。

宠物收养应用程序的要求之一是让感兴趣的客户在宠物的主

页面上看到该品种的几条评论。这个场景可以用到子集模式。

　　为了避免对该品种的评论展示时执行耗费资源的连接操作，可以将该品种的前三条评论引入每个宠物文档。

　　品种评论（breed_comments）集合中的文档可能如下所示：

```
//对某个品种的评论文档
{
    "_id": ObjectId('6358d092eb317a6b52ba4758'),
    "breed_id": "breed101",
    "breed_name": "Dalmatian",
    "comment_rank": 1,
    "comment":
        "I owned ten Dalmatians over the years          \
        and this breed is the most loyal breed          \
        I have ever encountered.                        \
        Nevertheless, these dogs don't see              \
        themselves as dogs but as members of            \
        the family, with the same rights."
},
{
    "_id": ObjectId('6358d092eb317a6b52ba5758'),
    "breed_id": "breed101",
    "breed_name": "Dalmatian",
    "comment_rank": 2,
    "comment":
        "The one thing to know about Dalmatians         \
        is that they are subject to many illnesses      \
        like deafness and kidney stones. Don't          \
        expect them to live as long as other            \
        breeds."
},
{
    "_id": ObjectId('6358d092eb317b6b82ba5758'),
    "breed_id": "breed101",
```

```
    "breed_name": "Dalmatian",
    "comment_rank": 3,
    "comment":
        "This is a very stubborn breed of dog.          \
        Expect to spend time training them.             \
        If you are not ready for this commitment,       \
        you should choose another breed."
},
...
```

图 99 所示为上述文档的模型。

Subset-Breed		
_id	pk	old
breed_id		str
breed_name		str
comment_rank		num
comment		str

图 99　子集模式品种模型

应用子集模式，可以将评分最高的三条评论信息引入每个宠物文档。

```
//宠物文档
{
    "_id": "dog19370824",
    "name": "Fanny",
    "breeds": [
        {
            "code": "breed101",
            "name": "Dalmatian",
            "top_comments": [
        "I owned ten Dalmatians over the years         \
        and this breed is the most loyal breed        \
        I have ever encountered.                      \
```

```
        Nevertheless, these dogs don't see             \
        themselves as dogs but as members of           \
        the family, with the same rights.",
        "The one thing to know about Dalmatians         \
        is that they are subject to many illnesses      \
        like deafness and kidney stones. Don't          \
        expect them to live as long as other
        breeds.",
        "This is a very stubborn breed of dog.          \
        Expect to spend time training them.             \
        If you are not ready for this commitment,       \
        you should choose another breed."
            ]
        }
    ],
}
```

图 100 所示为上述文档的模型。

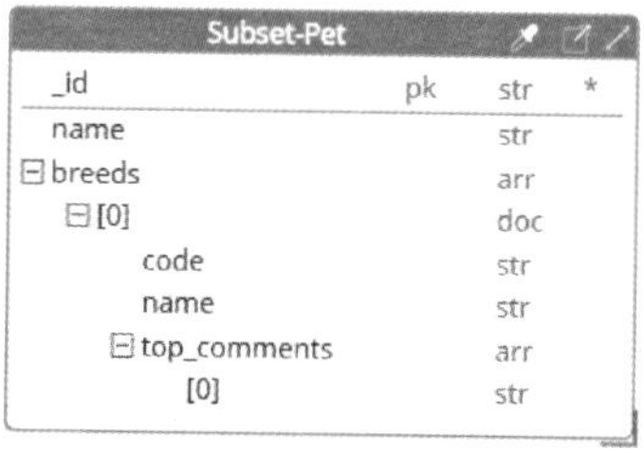

图 100　子集模式宠物模型

　　如前所述，子集模式确实引入了数据重复，但这些重复对系统影响很小。此宠物文档中的评论不需要始终与 breed_comment 集合中的评论同步，只要定期刷新调整即可。

　　5）子集模式的优点。

　　这种模式的主要目的是通过避免加载无用的信息，减少系统运行中内存的消耗。当文档仅包含业务需要展示的所有信息(即没有非必要的其他信息)时,它的加载会更高效,在面向大量用户并发操作的应用程序中可以使延迟更低。

6)子集模式的权衡。

从一个文档卸载数据到另一个集合时,需要更多的服务器调度操作。

通常,多方的所有对象将出现在第二个集合中,而在主文档中只保留一个子集。这种情况会导致主文档中复制对象的数据重复。可以通过在两个文档中仅选择一个进行存储来避免此类重复,但是,这会导致在聚合文档时的查询更加复杂。

7)子集模式总结。

子集模式有助于减少系统内存资源的消耗。可以根据需要实时访问或后续请求访问来拆分信息。关于子集模式的总结见表 33。

表 33 子集模式

问题	实时业务查询具有低延迟要求,并且必须从许多实体中提取信息
解决方案	将子文档数组拆分为只保留最小数量的必需元素 将文档剩余内容迁移到第二个集合
使用案例	评论及评价列表 以数组形式保存的任何列表内容
优点	更小的文档,加载时间更短 内存中的工作集更小
权衡	需要更多的服务器调度 可能会产生重复的数据

(16)树模式

为了说明树模式,这里介绍一个生活中的例子。在查看族谱时，会发现族谱不遵循计算机科学中树的定义，因为每个节点都有两个父节点(分别是父亲和母亲)。

在计算机科学中，树是图的一个特例。它是一个无环图，每个节点只有一个父节点。每个节点可以有零个或多个子节点。当一个图满足上述这些条件时，称它为树。

理解前面讲述的"树"或"图"的结构非常重要。相对于图，树结构的特征允许进一步优化。首先，树更易遍历，而且没有循环要查找。换句话说，树对于递归操作更安全。

树模式与图模式共享公共字段和操作，但是，针对不同的数据结构，使用正确的模式对我们会很有帮助。

1)树模式总体描述。

当然，使用独立的图数据库也是一种方案，但出于与图模式相同的原因，企业往往要避免再管理另一类数据库系统，从而避免增加运维成本及跨数据产品管理的一致性复杂要求。

推荐在具有明确层次分类结构目录的应用程序中使用此模式。而各类文档业务场景，包括组织层次结构、部门、区域、店铺或其他通常需要用树图表示的文档，也适合采用此模式。

树模式有以下变体：

- 引用父节点。
- 引用子节点。
- 引用祖先节点。
- 使用混合引用。

2)树模式详解。

如前所述，理解树结构是图结构的一个子集非常重要。它是一个无环图，每个节点只有一个父节点。

为了说明本节中的示例，通过下面的产品树来说明树模式的设计。该树按类别组织产品。例如，"跑鞋"（running shoes）属于"鞋类"（shoes），而"鞋类"（shoes）又属于"运动服"（sportswear）。

-Sportswear

    -Clothes

        -Jerseys

        -Shorts

    -Shoes

        -Running shoes

变体 A：引用父节点

这种变体是最简单的模型。在每个文档中，一个标量字段定义对父文档的引用。父文档中的该值是所引用文档的标识符或主键。

```
//对父节点的引用
{
    "_id": "cat10001",
    "name": "Sportswear",
    "parent": "root"
}, {
    "_id": "cat11001",
    "name": "Clothes",
    "parent": "cat10001"
}, {
    "_id": "cat11101",
    "name": "Jerseys",
    "parent": "cat11001"
}, {
    "_id": "cat11102",
```

```
    "name": "Shorts",
    "parent": "cat11001"
}, {
    "_id": "cat12001",
    "name": "Shoes",
    "parent": "cat10001"
}, {
    "_id": "cat12101",
    "name": "Running shoes",
    "parent": "cat12001"
}
```

图 101 所示为上述文档的模型。

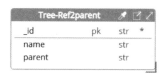

图 101　树模式模型示例 1

应用程序可以通过逐个获取节点来遍历树，或者使用带有 $ graphLookup 参数的聚合查询来检索所有祖先节点。

当树结构发生变化时，此类变体最容易更新。

变体 B：引用子节点

在此类变体中，要保留对子节点的引用数组。之所以需要使用数组，是因为指定节点可以有多个子节点。

```
//对子节点的引用
{
    "_id": "cat10001",
    "name": "Sportswear",
    "children": ["cat11001", "cat12001"]
}, {
```

```
    "_id": "cat11001",
    "name": "Clothes",
    "children": ["cat11101", "cat11102"]
}, {
    "_id": "cat11101",
    "name": "Jerseys",
    "children": []
}, {
    "_id": "cat11102",
    "name": "Shorts",
    "children": []
}, {
    "_id": "cat12001",
    "name": "Shoes",
    "children": ["cat12101"]
}, {
    "_id": "cat12101",
    "name": "Running shoes",
    "children": []
}
```

上述文档的模型如图 102 所示。

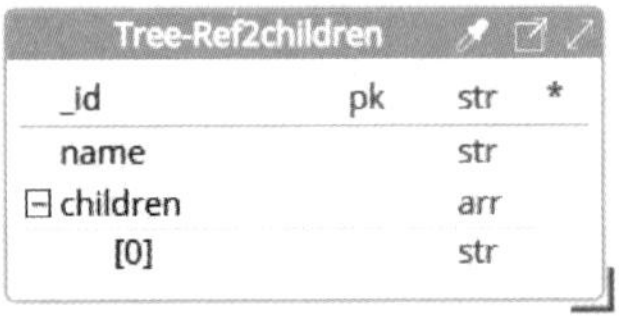

图 102　树模式模型示例 2

应用程序可以通过逐个获取节点来自顶向下遍历树。或者，可以使用带有 $graphLookup 参数的聚合查询来检索所有祖先节点。

当父子关系发生变化时，此类变体也很容易更新。将节点移至其新父节点的 children 数组中即可。

变体 C：引用祖先节点

此类变体称为"引用祖先节点"。然而，为方便起见，通常也引用直接父节点。此类变体的主要优点是：系统不需要进行递归调用来遍历树，因为所有祖先节点已经预先标识。至于主要缺点就是，由于祖先节点已经预先标识，因此任何父子关系的更改都可能需要重新计算其大量的祖先节点。

此类变体有别于图模式变体。因为向上遍历仅限于一个父节点，这只能用树来实现，换句话说，不需要对节点子元素进行引用。

```
//对父节点的引用
{
    "_id":"cat10001",
    "name": "Sportswear",
    "parent": "root",
    "ancestors":["root"]
}, {
    "_id": "cat11001",
    "name": "Clothes",
    "parent": "cat10001",
    "ancestors":["root", "cat10001"]
}, {
    "_id": "cat11101",
    "name": "Jerseys",
    "parent": "cat11001",
    "ancestors":["root", "cat10001", "cat11001"]
}, {
    "_id": "cat11102",
    "name": "Shorts",
    "parent": "cat11001",
    "ancestors":["root", "cat10001", "cat11001"]
```

```
}, {
    "_id": "cat12001",
    "name": "Shoes",
    "parent": "cat10001",
    "ancestors": ["root", "cat10001"]
}, {
    "_id": "cat12101",
    "name": "Running shoes",
    "parent": "cat12001",
    "ancestors": ["root", "cat10001", "cat12001"]
}
```

图 103 所示为上述文档的模型。

Tree-Ref2ancestors			
_id	pk	str	*
name		str	
parent		str	
⊟ ancestors		arr	
[0]		str	

图 103　树模式模型示例 3

变体 D：使用混合引用

最后一个变体使用上述引用的组合。例如，Shoes 类文档可能具有变体 A、B 和 C 的所有字段。

```
//对父节点的引用
{
    "_id": "cat12001",
    "name": "Shoes",
    "parent": "cat10001",
    "ancestors": ["root", "cat10001"],
    "children": ["cat12101"]
}
```

图 104 所示为上述文档的模型。

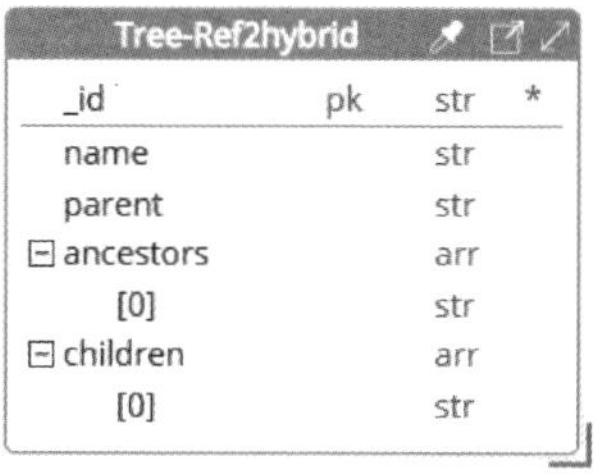

图 104　树模式模型示例 4

此变体为快速检索信息提供了更多选择，但是，如果父子关系经常更改，则此类型树的维护成本更高。这种变体更倾向于处理静态的树结构，例如：母子关系。

3) 实现树模式。

要实现树模式，请执行以下步骤：

① 确定哪种变体在性能和处理数据重复的成本之间可以取得最佳平衡。

② 创建包含对父节点、子节点引用数组或祖先节点引用的字段。

③ 可按需选用上述引用的组合。

④ 根据需要创建脚本或触发器，以更新文档中的依赖项。

4) 应用树模式的宠物收养项目示例。

在宠物收养项目中，希望跟踪每个宠物的母亲信息。如果需要同时跟踪母亲和父亲，将需要使用图模式。在这个示例中，假设我们永远不知道宠物的父亲是谁，所以无法跟踪它。因此，将应用树模式的"父变体"，因为每一个节点（宠物）只有一个父节点。

```
//一些宠物文档
// Fanny
{
    "_id": "dog19370824",
    "name": "Fanny",
    "sex": "female",
    "relatives": {
        "mother": "dog19350224"
    }
},
// Fanny 的母亲
{
    "_id": "dog19350224",
    "name": "Perdita",
    "sex": "female",
    "relatives": {
        // No info. She was a rescued dog.
    }
},
// Fanny 的第一个孩子
{
    "_id": "dog20200110",
    "name": "Finn",
    "sex": "female",
    "relatives": {
        "mother": "dog19370824"
    }
},
// Fanny 的第二个孩子
{
    "_id": "dog20201206",
    "name": "Canuck",
    "sex": "male",
    "relatives": {
```

```
    "mother": "dog19370824"
    }
}
```

图 105 所示为上述文档的模型。

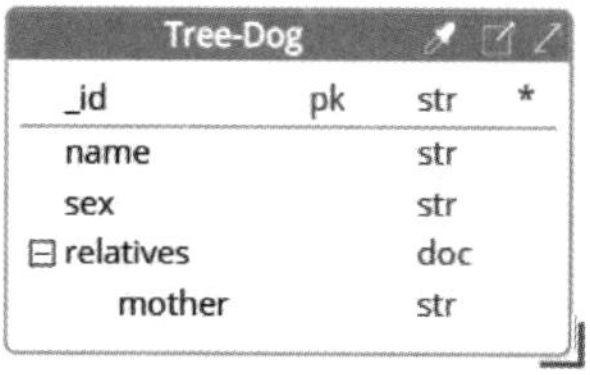

图 105　树模式的宠物狗模型

可以通过以母亲为线索查看文档，找到 Fanny 的孩子。

```
db.pets.find({"relatives.mother":"dog19370824"})
```

试图找到 Fanny 的所有后代会稍微复杂一些。可以通过添加一个字段来跟踪子节点，或使用数组遍历所有祖先来实现这一点。请注意，两种替代方案都会导致数据重复。但是，随着时间的推移，这些数据的存在并不会提升维护的成本，因为父子关系或祖先关系是不会改变的。

可以使用子节点数组对关系进行建模，如下所示。

```
//带有其子节点数组的 Fanny
{
    "_id": "dog19370824",
    "name": "Fanny",
    "relatives": {
        "mother": "dog19350224",
        "father": "dog19360824",
        "children": [ "dog20200110", "dog20201206"]
    }
}
```

图 106 所示为上述文档的模型。

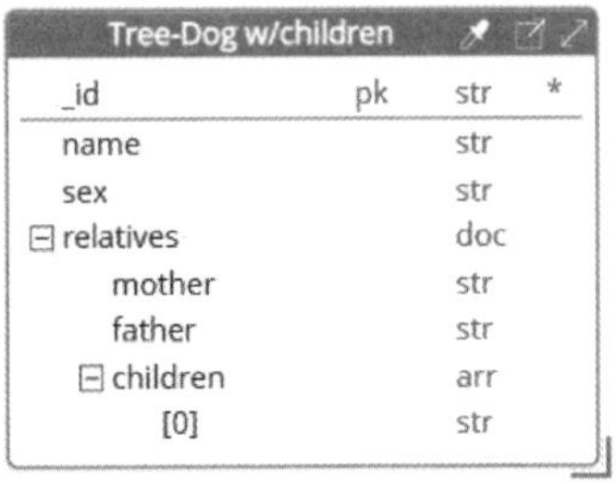

图 106　带有子节点的树模式的宠物狗模型

使用 MongoDB 的 $graphLookup 功能，可以利用以下查询指令找到每个宠物的所有后代。

```
db.pet.aggregate([
  {
    "$graphLookup":
    {
      "from": "pet",
      "startWith": "$relatives.children",
      "connectFromField": "relatives.children",
      "connectToField": "_id",
      "as": "descendants",
    //为了防止数据集中存在错误的循环链接,限制递归次数
      "maxDepth": 10
    },
  },
])
```

5）树模式的优点。

使用树模式的"变体 A：引用父节点"，简单且不会导致数据重复或数据过期。但是，多层级的解析请求需要使用递归操作，会导致性能变慢。

树模式的"变体 B：引用子节点"非常适合遍历节点及其所有子节点，如果有必要，甚至可以使用递归代码。

树模式的"变体 C：引用祖先节点"，可以提供出色的性能，并可以防止任何递归调用。但是，它创建了太多重复的数据。

6）树模式的权衡。

如上所述，当两个节点或祖先之间的边存在于多个文档中时，某些替代方案会产生重复数据。如果这些节点之间的关系不会改变，那么这不是问题。如果它们很少改变，那么使用事务可以保持一致性。而在关系经常更改的情况下，只有在可以接受一段时间的过期数据的情况下，才能考虑使用该解决方案。例如，如果需要经常重新组织产品分类，那么可以通过每晚的定期作业重新计算祖先节点，但系统必须容忍每日更新前数据过期导致的异常情况。

7）树模式总结。

树模式适用于每个节点只有一个父节点的实体之间的关系。关于树模式的总结见表 34。

表 34　树模式

问题	将实体组织表示为树
解决方案	引用父节点、子节点和祖先节点中的一个或组合
使用案例	组织结构图 产品类别
优点	易于维护父子关系 易于导航祖先关系
权衡	可能导致更多重复数据

附加资源：MongoDB University 提供了关于数据建模的免费

课程，欢迎大家进行学习。

主键

与传统关系数据库类似，MongoDB 也有主键的概念。这个键始终被命名为_id。该键可以是一个简单的字段或几个字段的组合。在后一种情况下，_id 是一个子文档，其中包括所有键中出现的字段。

当要插入的文档中没有_id 字段时，MongoDB 会向自动文档添加该字段。该值的类型为是 ObjectId，该值类似于 UUID 值。集合中的主键必须是唯一的。MongoDB 需要通过唯一性在副本之间复制和跟踪文档。

```
//MongoDB 插入的默认主键示例
{
    "_id": ObjectId("624c64e7102ffcabac4dabde"),
    "pet_name": "Lady G",
    ...
}
```

上述默认主键示例如图 107 所示。

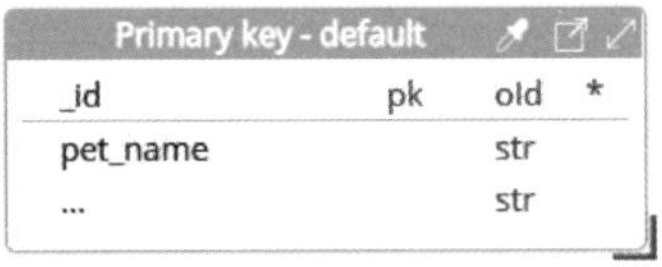

图 107　默认主键

```
//使用自然键作为主键示例
{
    "_id" : "bird102345",
```

```
    "pet_name": "Lady G",
    ...
}
```

上述自然主键示例如图 108 所示。

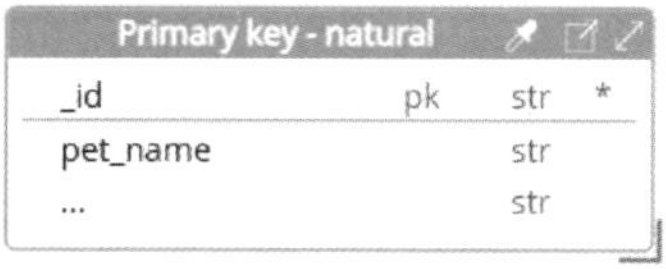

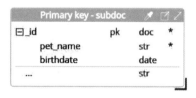

图 108　自然主键

```
//使用子文档作为主键示例
{
    "_id" : {
        "pet_name" : "Lady G",
        "birthdate" : ISODate("2021-02-01T00:00:00Z")
    },
    ...
}
```

上述子文档主键示例如图 109 所示。

图 109　子文档主键

　　如果有自然键(或其他备用键)可以用来唯一标识文档,应该将其用作主键。原因是_id字段有一个唯一的默认索引。如果能充分利用默认索引,可以避免创建很多额外的索引。

如果担心可能存在重复值，更推荐使用自动生成的 ObjectId。

对于子文档，它们会提高索引和搜索的复杂性，因此建议避免使用这种方式。在某些场景下使用子文档作为主键也是可行的，在上面的示例中，仅通过 pet_name 无法确定唯一性，所以我们添加了出生日期。但是，这对字段的组合值必须遵守唯一性的约束。

模型验证

关系数据库的一个重要能力（通常也是其局限性的一方面），就是可以在预先确定的字段结构与数据类型上执行固定、刚性的操作。MongoDB 这种文档数据库就要灵活得多。但灵活并不意味着应该放弃数据质量、一致性或完整性。

集合中的不同文档类型可能具有多态性。为了实现同时保证灵活性和数据质量，达到两全其美的效果，即使在 MongoDB 这样灵活的模式环境中，对文档插入或更新进行验证，依然是一种很好的做法。

MongoDB 具有模型验证功能，因此可以在文档结构上设定约束要求。模型验证基于 JSON Schema(https://json-schema.org/)[14]，这是一个针对 JSON 文档结构描述和验证的开放标准。

在 MongoDB 中，模型验证的工作原理是通过将符合要求的一组 JSON Schema 分配给要执行验证的每个集合来实现的，通过

---

14 MongoDB 的实现是 JSON Schema draft-04 规范的子集/超集。它通过支持包括其他数据类型在内的 MongoDB 特定功能进行了扩展。但它不支持 JSON Schema 规范的所有功能。请参阅 https://www.mongodb.com/docs/manual/reference/operator/query/jsonSchema/#omissions 了解更多详情。

使用集合的"验证器"选项中的$jsonSchema关键字完成。如果决定更改规则，可以用代表新验证要求的新JSON Schema替换先前的JSON Schema。

约束可能包括字段是否必需、指定字段的数据类型、数字的最小值和/或最大值以及是否允许负值、字符串的最小长度和/或最大长度、枚举值、数组项的最大数量、子文档的结构等。甚至可以定义允许的多态结构，以及是否可以添加未知字段。

根据指定的验证级别，数据库引擎将严格拒绝插入不合规文档，或者通过更宽容的方式插入文档，同时通过驱动程序向应用程序返回警告消息。

JSON Schema是一个强大的标准，但有时可能会比较复杂。Hackolade Studio可以动态生成语法正确的$jsonSchema验证器脚本，使其处理过程非常简单，而无需任何JSON Schema的背景知识。

此功能不能完全取代应用代码中的业务验证规则，但它提供了额外的保护措施，使得数据在应用程序生命周期之外仍然有意义。

监控模式的演变

不同的组织有不同的运作方式。在许多遵循本书原则的组织中，数据建模通常发生在敏捷冲刺或应用更改的初始阶段，然后在不同的环境或阶段中实现代码的更改。

在某些组织中，开发团队往往在数据模型的决定权上占有上风，模型结构的演变倾向以代码优先的方式发生。在这种情况下，数据建模仍然可以派上用场，帮助提高数据质量和一致性。

特别是在"追溯数据建模"或"事后数据建模"方面。

这个过程在识别数据结构不一致方面很有用，例如存在使用 zipcode 字段的地址，而其他地址使用 postalcode。在 PII、GDPR、保密性等领域，可能会出现更具破坏性的潜在情况，这一点也至关重要。

Hackolade Studio 提供了命令行界面，以编程方式调用图形用户界面中的许多功能。很容易编排一系列命令。在程序开发优先的方法中，数据库实例中的结构首先发生演变。每天晚上，计划好的流程都将按以下步骤执行：

1）对数据库实例进行逆向工程。

2）将得到的模型与基线模型进行比较。这会产生一个"delta 模型"和可选的"merged 模型"。

3）手动查看模型间的比较，并确定生产环境中的所有更改是否具有合法性。可能需要对代码进行调整，或者需要迁移数据。

4）提交合并后的模型，使其成为新的基线模型，然后将这些信息发布到企业数据字典，以便业务用户了解这个演变过程。

模型迁移

本章多次提到，MongoDB 文档具有非常强大的灵活性，可以根据应用程序要求的变化灵活修改数据模型。与关系数据库相比，实现零停机时间、没有让人厌恶的周末迁移工作，或不需要蓝绿部署等其他复杂方法，这一切对于 MongoDB 都变得很简单。

还要强调的是利用模型版本模式的必要性，它可以帮助应用程序使用适当的业务规则处理数据，并实现向后兼容性。

在复杂的大型环境中，特别是当多个应用程序读取同一份数据时，挑战很快就会出现。同时对数十个数据模型进行迁移，以及将复杂的业务逻辑分散在多个应用程序中，既缺乏效率，也不实用。甚至最终会浪费大量的 CPU 计算资源。在某些特定的情况下，由于开发或 DBA 对数据模式调整和数据迁移缺乏充分评估，可能会导致未知的错误结果，严重影响业务数据的正确性。

对于 MongoDB 的新用户，在使用其文档模型灵活性的同时必须意识到，要让企业的业务系统持续保持稳定，任何数据模型调整及数据迁移都需要进行详尽且细致的事前规划，以减少在数据中维护旧模式版本所带入的"技术债务"，这也是业界最佳实践。

有几种模式迁移策略可以考虑。策略的选择将取决于数据库和业务的具体需求，详尽的计划和测试对于确保成功的迁移至关重要。一些知名的机构，甚至因为开发了优秀的成本计算模型来评估不同策略进行权衡而闻名于世。

模式迁移策略可以大致分为两种基本方法：积极迁移和延迟迁移。还有一些结合了上述两种方法的混合策略。

- 积极迁移：模型更改一次性完成，数据会立即迁移到新模型。与关系数据库所做的类似，这种方法需要更多计划，并可能在迁移过程中需要停机时间，但它确保所有数据立即更新到新模型。

- 延迟迁移：模型更改逐步完成，仅在访问或更新数据时才将数据迁移到新模型。这种方法较少中断，更易于实现，但会增加常见的操作延迟。此外，数据可能永远不会完全迁移到新模型。

- 预测迁移：根据数据在未来将如何使用的预测，进行模型更改及数据迁移。这种方法需要更多计划和分析，但可以最大限度地化解常见操作中的延迟问题。

- 增量迁移：以小的、迭代的步骤进行模式更改，并逐步将数据迁移到新模式。

预测迁移和增量迁移都可以分解后台进程运行的和/或高峰时间，以最大限度地减少对系统的影响。还可以根据要迁移的剩余数据制定组合策略：从预测迁移开始，同时适时进行延迟迁移，最后用增量迁移完成迁移工作。

第 3 步：优化

与 RDBMS 物理模型中的添加索引、逆规范化、分区和视图类似，可以添加一些数据库的特定功能，来生成查询设计模型。

索引

MongoDB 使用索引减少满足查询所需扫描的文档数量来提高查询性能。MongoDB 支持以下各种索引类型。

- 默认_id 索引：在创建集合时，会在_id 字段上创建唯一索引。_id 索引可防止客户端插入两个_id 字段值相同的文档。用户无法删除_id 字段上的此索引。
- 单字段：MongoDB 支持在文档的单个字段上创建用户定义的升序/降序索引。
- 复合索引：MongoDB 也允许在多个字段上创建用户定义的索引，即复合索引。
- 多键索引：多键索引用于索引数组中存储的内容。如果要索引一个数组字段，MongoDB 会为数组的每个元素创建单独的索引条目。查询时这些多键索引允许通过匹配数组的一个或多个元素来选择包含数组的文档。如果索引字段包含数组的值，Mongo-goDB 会自动确定是否创建多键索引；用户不需要明确指定多键类型。

- 地理空间索引：为了支持高效的地理空间坐标数据查询，MongoDB 提供了两种特殊索引，即使用平面几何返回结果的"2d 索引"和使用球面几何返回结果的"2dsphere 索引"。

- 文本索引：文本索引支持对集合中的字符串内容进行搜索。这些文本索引不存储特定语言的停用词（例如 the、a、or），而是将集合中的词语缩减为仅存储根词（但尚不支持中文分词）。

- 哈希索引：为了支持基于哈希的分片，MongoDB 提供了哈希索引类型，它会对字段的哈希值进行索引。这些索引的值沿其范围有更随机的分布，但只支持相等匹配，尚不支持基于范围的查询。

索引可以具有以下属性。

- 唯一索引：索引的唯一（unique）属性会导致 MongoDB 拒绝索引字段的重复值。除唯一性约束外，唯一索引在功能上可与其他 MongoDB 索引交换使用。

- 部分索引：它们仅对集合中满足指定过滤器表达式的文档建立索引。通过仅为集合中的一部分文档建立索引，部分索引的存储需求更低，索引创建和维护的性能成本也更低。部分索引提供了稀疏索引功能的超集，应优先于稀疏索引。

- 稀疏索引：索引的稀疏（sparse）属性可确保索引仅包含具有索引字段的文档的条目。索引会跳过不具有索引字段的文档。稀疏索引可与唯一索引组合使用，以免文档字段值重复，但忽略不具有索引键的文档。

- TTL 索引：TTL 索引是一种特殊索引，MongoDB 可以使用它在一定时间后自动从集合中删除文档。这对仅需要在数据库中保留有限时间的某些类型的信息(如机器生成的事件数据、日志和会话信息)是理想的选择。

有太多的理由推荐使用数据建模工具来创建和维护索引信息，包括：更好的协作、文献记录、易于维护以及更好的治理。除了支持 MongoDB 的所有索引选项外，Hackolade Studio 还生成索引语法，以便将其应用于数据库实例或提供给管理员应用。

分片

分片是一种跨多台机器分布式处理数据的方法。MongoDB 使用分片来支持非常大的数据集和高吞吐量操作的部署。需要处理大型数据集或高吞吐量应用程序的数据库系统会给单台服务器带来挑战。解决系统增长的方法有两种：垂直扩展(更大、更强大的服务器)和水平扩展(更多服务器及其划分的数据集)。MongoDB 通过分片支持水平扩展。

MongoDB 使用分片键对集合进行分区，实现集合中文档的合理分布。分片键由存在于目标集合中各个文档的不可变字段或多个字段组合而成。

对集合进行分片时，可以选择分片键。分片键选择后可以更改，但是这对于整个数据库集群的系统资源消耗来说是一个代价高昂的操作。一个分片集合只能有一个分片键。

MongoDB 支持三种跨分片集群分发数据的分片策略：哈希分片、范围分片和感知标记(或分区)分片。

● 哈希分片：首先计算分片键字段的哈希值，然后根据哈希值为每个区块分配一个范围。在使用哈希索引解析查询时，应用程序无须参与，MongoDB 会自动计算哈希值。

● 范围分片：根据分片键值将数据划分范围，然后根据分片键值为每个区块分配一个范围。

● 分区分片（以前称为感知标记分片）：在分片集群中，可以创建表示一组分片的区域，并将一个或多个分片键值范围与该区域相关联。MongoDB 仅将该区域范围内的读写操作路由到该分片。

和索引类似，Hackolade Studio 支持生成分片语法，便于将其应用于数据库实例或提供给管理员应用。

请注意，一旦选择了分片键，想要对它进行修改曾经是一件十分具有挑战性的工作。从 MongoDB 5 版本开始，支持对集合进行“重新分片”功能，为用户提供了更好的体验。

使用中加密

MongoDB 提供了包括服务端和客户端的字段级加密（“FLE”）框架。在将数据通过网络传输到服务器之前，应用程序可以加密文档中的字段。只有获取正确加密密钥的应用程序才能解密并读取受保护的数据。加密密钥遗失会导致使用该密钥加密的所有数据永久无法读取。

将 FLE 客户端与传输加密和静态加密结合使用，可以提供一种端到端的互补方法，用于构建具有深度防御安全态势的应用程序，以应对不同的威胁模型。

● 传输加密可保护网络上传输的所有数据，但不会加密内存中的数据或静态数据。

- 静态加密可保护所有存储的数据，但不会加密内存或传输中的数据。

- 通过客户端加密，最敏感的数据永远不会以纯文本形式离开应用程序。在客户端加密的字段在网络传输时和在数据库服务器内存中处理时保持加密，并在存储、备份和日志中实现静态加密。

可以选择使用服务器端加密和客户端加密，抑或两者同时使用。同时使用服务器端和客户端 FLE 是一个好主意，它们可以互为补充。在遗留客户端或客户端配置错误的情况下，服务端的 FLE 消除了任何以显式文本插入或更新文档的可能性。反过来，如果字段级加密也是在客户端实现的，则有权直接访问数据库的人员无权断开字段级加密。

测试数据的生成

手动生成用于测试和演示的假数据十分耗费时间，并会减慢测试进程，特别是在需要大量数据的情况下。

在系统开发、测试和演示过程中使用伪造数据（又称合成数据）是常见的做法，因为它避免使用真实身份、全名、真实信用卡号或社会保险号码等敏感数据，而使用"Lorem ipsum"字符串和随机数字又不够逼真，无法传达真实的意义。

另一方面，可以使用克隆的生产数据，但这通常不适用于新应用程序，而且仍然需要屏蔽或替换敏感数据，以避免披露任何个人身份信息。

合成数据在缺少真实数据的边缘案例的探索验证中也很有用，或者用于识别模型偏差。

使用 Hackolade Studio，可以生成看起来真实的姓名、公司名称、产品名称和描述、街道地址、电话号码、信用卡号码、提交消息、IP 地址、UUID、图像名称、URL 等各类信息。

这里生成的数据可能是假的，但它具有预期的格式并包含有意义的值。例如，城市和街道名称是随机组合的，由模仿真实名称的元素随机组成。用户可以设置所需的区域，以便根据上下文对数据元素进行本地化。

生成模拟测试数据的流程需要两步。

1) 每个模型的一次性设置：必须将每个属性与一个函数相关联，才能获取上下文真实的样本。

2) 每次需要生成测试数据时，定义运行的参数。

Hackolade Studio 生成测试样本文档，可以将其插入数据库实例中。

 三个贴士

1) **工作负载分析**。估算访问模式的数量和速度对设计模式的选择有重大影响。而且随着时间的变化，可能需要对模式和相应的应用程序代码进行重构。幸运的是，MongoDB 采用的类 JSON 文档模型使得与传统关系数据库相比，模型调整更加简单。

2) **版本控制**。模型调整是必然会发生的，只是无法定义何时会出现这一需求。不断变化的客户需求、新的战略方向、不可预见的要求、范围蔓延、持续增强、迭代开发等都在所难免。模型设计随着时间的推移而发展，是不争的事实。所以要为此准备好调整的策略，文档数据库可以支持零停机时间的模式调整，是一个很好的选择。

3)**模式迁移**。烘焙饼干后，通常要清洗碗碟，收拾各类工具。不要忘记将各类说明文档也迁移到新模型版本，以消除模型调整后的技术债务。

三个要点

1)**对于 MongoDB，数据建模比关系数据库更重要**。因为没有像关系数据库中规范化规则那样的护栏，JSON 的灵活性和易于演化的特性提供了一种虚假的安全感。其结果是，确保一致性、完整性和质量的责任转移到其他地方。书中前面关于模式设计的部分展示了模型设计模式的不同方式。必须根据在对齐和细化阶段收集的信息，明智地选择适当的模式。

2)**从不同的利益相关者和领域专家那里汲取知识和经验**。开发人员可能倾向于自己设计模型。毫无疑问，他们拥有设计 JSON 文档模型的技术知识，但是为避免重新编写应用程序代码，更有效的做法首先是基于对访问模式、工作负载、应用程序流程和屏幕线框的分析来了解不同的约束。使用 Hackolade Studio 等图形化工具可以方便地与非技术利益相关方进行交流，会帮助缩短应用程序开发工作的产品发布时间。

3)**数据的生命周期往往比应用程序的更长**。人们可能会认为，应用程序代码是记录模型和强制执行质量检查的地方。但数据可能由多个应用程序共享，而且应用程序的生命周期远短于数据本身。因此，确保所有应用程序之间对数据有相同的含义，以及对上下文有共同的理解是至关重要的。MongoDB 的数据建模和模型设计有助于实现这一目标。